Paul Martin Langner / Agata Mirecka (Hrsg.)

Raumformen in der Gegenwartsdramatik

PETER LANG
EDITION

Bibliografische Information der Deutschen Nationalbibliothek
Die Deutsche Nationalbibliothek verzeichnet diese Publikation in der Deutschen Nationalbibliografie; detaillierte bibliografische Daten sind im Internet über http://dnb.d-nb.de abrufbar.

ISSN 2364-3919
ISBN 978-3-631-73458-2 (Print)
E-ISBN 978-3-631-73459-9 (E-PDF)
E-ISBN 978-3-631-73460-5 (EPUB)
E-ISBN 978-3-631-73461-2 (MOBI)
DOI 10.3726/b11783

Peter Lang Edition ist ein Imprint der Peter Lang GmbH.

Peter Lang – Frankfurt am Main · Bern · Bruxelles · New York · Oxford · Warszawa · Wien

Diese Publikation wurde begutachtet.

www.peterlang.com

Inhaltsverzeichnis

Vorwort

Dem Begriff des Raumes speziell mit Blick auf das Theater zu diskutieren, ist ein vielfach bedachtes und bearbeitetes Thema. Er erscheint genuin als Bühnenraum in seiner Gegenübersetzung von Zuschauerraum, es wurden Texträume und Erinnerungsräume[1], Wahrnehmungsräume und akustische Räume verhandelt. Der vorliegende Band geht auf diese Themen vor allem durch Fallstudien und Analysen von einzelner Werke oder Inszenierungen der Gegenwart ein. Dabei wird aber in nahezu allen Beiträgen ersichtlich, dass das Konstatieren von Raumstrukturen in der einen oder anderen Weise der Komplexität „des Raumes" gerecht wird. Vielmehr wird immer wieder das Umschlagen von einer Raumspezifik in eine andere benannt und das Ineinandergreifen resp. Überlagern verschiedener Räume problematisiert. Vielleicht ist grade dieses Phänomen das besondere, Theater über Raumbegriffe zu diskutieren, weil deutlich wird, dass nicht eine einzelne Kategorie komplexe Strukturen fassbar machen, sondern eben das Zusammenwirken und „Ineinanderübergehen" die mehrdimensionalen Raumstrukturen greifbar und diskutierbar machen.

Ausgehend von der historischen Betrachtung im Umgang mit dem Bühnenraum zu Zeiten der Doktrin des sozialistischen Realismus zeichnet Karol Sauerland nach, wie politisch der „leere" Bühnenraum[2], den Brecht als Ausdrucksmittel nutzte, war und wie sehr ideologische Räume und die Interpretation des leeren Bühnenraums miteinander verzahnt waren (und sind) und zu politischen und kulturpolitischen Diskussionen in Polen nach einem Gastspiel des Berliner Ensembles Anlass gab. Damit wird klar, welche Wahrnehmungstraditionen die Vorstellung von Raum auf der Bühne prägen und wie diese Traditionen unter politischen Kontexten bewertet wurden und werden.

Raumvorstellungen sind demnach sowohl historisch wie gesellschaftlich bedingt. Dieser historische Einstieg öffnete die Vielschichtigkeit des Themas und forderte zu eingehender Berücksichtigung bei den nachfolgenden Beiträgen. Denn wie stark historische Bedingungen das Verständnis von ineinander greifende Texträume vorstrukturieren und ihre Bedeutungsebenen virulent werden

1 Diestelhorst, Julia: Reaktionen auf Geschichte: Geschichtsraum im Theater von Lothar Trolle – gezeigt am Beispiel von Das Dreivierteljahr des David Rubinowicz. In: Tendenzen der zeitgenössischen Dramatik. Hrsg.: Paul Martin Langner und Agata Mirecka. Frankfurt/M.: u.a.: 2015, S. 31–42.

2 Noch nicht an Peter Brooks „Leerem Raum" (1968) orientiert.

lassen, demonstrierte Hans-Christian Stillmark in seinem Beitrag über Volker Brauns *Iphigenie in Freiheit,* in dem er nachzeichnet, welche Bedeutungsebenen und „isotopische Ketten" den Text von Braun bestimmen. Keine der Bedeutungen steht für sich, keine entwirft isoliert den Verständnishorizont, sondern auch hier wird das Changieren der hybriden Bedeutungssplitter zur Dynamik des Textverständnisses. Keine der angesprochenen Raumebenen – geographische, politische, historische, sprachliche, existiert demnach für sich, sondern nur in der Vorstellung pluraler Räume kann man sich der Komplexität von Raum und Theater annähern. Ganz aktuell wird das noch einmal in dem Bericht von Oliver Pfau greifbar, der das Aufgreifen des *verbatim*-Verfahrens in der jungen Theaterszene Moskaus nach 1999 und bis in die unmittelbare Gegenwart dokumentiert.

Ein zweiter Themenschwerpunkt ergab sich in der Auseinandersetzung von den sinnlichen Bereich des Raumes auf dem Theater. Natalie Fuhry beschreibt den Umschlag von optischen Räumen in akustische Räume anhand zweier Texte von Elfriede Jelinek. Die „Hör-Räumen", die Jelinek entstehen lässt, entwerfen den Raum mit Hilfe von Wörterflut, Sprachspielen, metaphorischen Klanggebilden und Sprachmelodien akustisch. Das Gesehene wird zum Gehörten.

In einer Analyse der Anlage des Dramas „Der Bus" von Lukas Bärfuss beschreibt Marta Famula das Durchkreuzen von horizontalen, realistischen und vertikalen, religiösen Wegen im Raum. Sie zeigt an dem Stück des schweizerischen Dramatikers, wie sich der Raumbegriff selbst durch verschiedene Bedeutungsebenen auffaltet und an Komplexität gewinnt, und deutet die sich daraus ergebenden Konsequenzen auf der Handlungsebene nach. Die aus geistigen Entschlüssen erwachsende Handlungsebene wiederum tritt als geometrischer Raum in Erscheinung, während das, was als Realität räumlich verortet sein müsste, durch die Dynamik im Stück erst durch das Licht in Erscheinung zu treten scheint.

Agata Mirecka sucht den theatralen Raum, der in dem Stück *Das Paradies der Ungeliebten* von Robert Menasse vor allem der politischen Auseinandersetzung gewidmet ist, eine weitere Dimension hinzuzufügen, den atmosphärischen Raum. Das Spannungsverhältnis zwischen einem Raum, der durch Stimmen erzeugt wird, und dem dramatischen Raum diskutiert Joanna Gospodarczyk in ihrem Beitrag über Martin Crimp. Nicht das szenische Geschehen schafft die Dramatik, sondern die dialektische Durchdringung von Räumen unterschiedlicher Art, die Crimp in seinen Texten anlegt und den Regisseuren zur Ausführung überlässt, bildet neue Formen von Dramatik. Fragile Räume bilden sich durch die Stimmen demnach in stabilen Raumdimensionen auf der Bühne aus.

Nur scheinbar historisch ist der Zugang von Hargen Thomsen zu den Raumdimensionen im Werk von Friedrich Hebbel. Auf der Grundlage der Dramatisierung des mittelalterlichen Nibelungenstoffes durch Hebbel beschreibt der Autor eine Reihe von immateriellen Raumkomponenten, wie psychologische, historische, ethnische und mythische Räume und deutet die Veränderungen in zeitgenössischen Adaptationen der letzten zehn Jahre an.

An der Begrifflichkeit von Gerda Baumbach orientiert sich der Beitrag zum Figurentheater von Jonas Klinkenberg, der damit den Bühnenraum als einen doppelten Raum erfasst, an dem eine Überlagerung von Realitäts- und Fiktionsebenen stattfindet.

Trotz der changierenden und vieldeutigen Bedeutungsfelder von Raum, ihre oszillierende Wahrnehmungsebenen muss Raum dennoch als spezifische, ja als verbindliche Konstante gesehen werden. Lässt man ihn als offenes Bezugssystem, in dem sich Heterotopien (Foucault neu gelesen) bilden, bestehen, läuft man Gefahr, Sinnkonstruktionen zu unterlaufen. Die Vervielfachung von Räumen in doppelten Heterotopien löst jede Verbindlichkeit auf, sie ermutigt zu entfesselten, amoralischen Handlungen. Kunst wird immer Sinn setzen wollen, wenn auch nicht eindeutig, aber eine Diffusität von Bedeutungen lenkt künstlerische Äußerungen in ihr Gegenteil, sie zerfällt in Beliebigkeit, und lässt sie somit zu Räumen der Zerstörung und Gewalt werden. Dann nämlich wird das Spiel im Raum zur Realität, das in seiner Bedrohlichkeit und Sinnlosigkeit destruktiv wirkt, zur Zerstörung der Möglichkeiten aufruft. Diese Überlegung von Martin Langner schließt den Band als Gedankenspiel ab und provoziert weitere Diskussionen über Grenzen, Funktionen und Bedeutungen des Raumes auf dem Theater.

Die vielfältigen Beobachtungen und Ergebnisse ließen sich unschwer ergänzen. Dennoch werden paradigmatische Beobachtungen möglich, die den Raum als Kategorien des zeitgenössischen Theater operabel machen. Die vorgelegten Beiträge lassen erkennen, dass die unterschiedlichen Raumkategorien, die in dem Band verhandelt werden, in keinem Falle solitär auftreten. Niemals ist eine dieser Raumkategorien derart bestimmend, dass sie unabhängig von anderen wirksam werden könnte. Der Umschlag von einer Raumkategorie in die andere, das Ineinandergreifen oder das Parallelführen verschiedener Raumkategorien (sei es als Hörraum, als Geschichtsraum, als Wahrnehmungsraum, als topographischer Raum) deuten an, dass die diskutierten Raumkategorien sich offensichtlich gegenseitig bedingen. Deshalb scheint es durchaus bei der Beschreibung unterschiedlicher Aspekte des Theaters – sowohl auf der textuellen Ebene, wie auf der Inszenierungsebene – sinnvoll zu sein, sich der Begriff „Raum-"/„-raum" zu bedienen. Vergleichbar dem geometrischen Raum, der sich für unsere rationale Beschreibung in drei Dimensionen erstreckt, sind die genannten (und anderen hier nicht untersuchten) Raumkategorien des Theaters im Zusammenspiel bedingt.

Erst die aus dem Zusammenspiel resultierenden Wechselwirkungen formen die verschiedenen Dimensionen des Theaters, den „Spielraum“ des Dramatischen in der Gegenwart. Demnach sind die Raumkategorien des zeitgenössischen Theaters mehrdimensional und der Raum erscheint damit *multiakzentuierbar*,[3] um einen Ausdruck des Schülers von Michał Bachtin aufzugreifen, Valentin Vološinov. Darüber hinaus verstärken die Ergebnisse den Eindruck, als wenn diese Raumkategorien frei miteinander kombinierbar sein könnten. Hier wären weitere Untersuchungen notwendig, aber die gingen über den gesteckten Rahmen hinaus.

Für die Herausgeber

3 Vološinov, Valentin N.: Marxismus und Sprachphilosophie. Grundlegende Probleme der soziologischen Methode in der Sprachwissenschaft. Hrsg.: Samuel M. Weber. Frankfurt/Berlin/Wien: 1975.

Karol Sauerland
(*Warschau*)

Die Verengung des Raumes im Theater des sozialistischen Realismus und die danach erfolgte Erweiterung in den 1960er Jahren

Die kontroverse Aufnahme der Inszenierung von Mutter Courage während eines Gastspiels von B. Brecht und H. Weigel in Polen 1952 macht deutlich, dass der sozialistische Realismus, der zu dieser Zeit massiv durchgesetzt werden sollte, Kategorien für die Gestaltung des Bühnenraums festzuschreiben gewillt war. Am Bühnenbild wollte man die historischen Bedingungen, die Zeit und den Ort ablesen können. Dem entsprach die Inszenierung von Brecht nicht, dessen Bühnenbild auf den Karren der Mutter Courage reduziert war, was von offizieller Seite als entweder bürgerlich expressionistisch oder formalistisch kritisiert wurde. Leere Bühnenräume provozierten die Vermutung, Brecht wollte überzeitliche und nicht historisch konkrete Aussagen schaffen. Deshalb hoffte man in Ost-Berlin, die Polnischen Künstlerorganisationen würde Brecht hinreichend kritisieren, um ihn von seinen „Fehlern" abzubringen. Wohl hat sich im Anschluss an die Aufführungen in Polen eine lebhafte Diskussion unter den Theaterschaffenden ergeben, in der sich Befürworter von Brechts Theaterarbeit und Gegner gegenüber standen. Der Beitrag macht weiterhin sichtbar, wie die Arbeit von Brecht in den Inszenierungen und offenen Bühnenräumen von Konrad Swinarski und in den Raumkonzepten von Jerzy Grotowski weiterwirkt.

Wer hätte je gedacht, dass der Besuch des Berliner Ensembles in Polen zu einer grundlegenden Diskussion über die Rolle des Bühnenraumes führen würde. Plötzlich erwies sich, dass der Sozialismus nicht nur ein Feind des Zahns ist, wie Leopold Tyrmand in seinem *Tagebuch* (*Dziennik 1954*) sarkastisch bemerkte, sondern auch der leeren bzw. fast leeren Szene ist.

Im Frühjahr 1952 war Bertolt Brecht zusammen mit Helene Weigel und Hans Marchwitza nach Polen gekommen, um sich mit dem ihm fremden Land, das sich durch ein so großes sozialistisches Aufbautempo (fünf Ziegel auf einmal) hervorgetan hatte, bekanntzumachen.[1] Am 26. Februar wurde er vom Vorsitzenden des

1 Ich weiß nicht, ob Reich-Ranicki von dem Besuch wusste, als er in der Tageszeitung *Życie Warszawy* (Warschaus Leben) Mitte Februar 1952 in der Nr. 48 schrieb, er hege die Hoffnung, dass er den Weg zum sozialistischen Realismus in der Auseinandersetzung mit dem Marxismus-Leninismus und der Berührung mit der Arbeiterbewegung finden werde.

Schriftstellerverbandes Leon Kruczkowski und dem Vorstand empfangen, drei Tage später weilte er beim Präsidenten des Verbands der polnischen Theater- und Filmkünstler (SPATiF), Leon Schiller, der vor dem Krieg die Dreigroschenoper inszeniert hatte.[2] Man nannte ihn gern den polnischen Piscator. Nach seinem Besuch schickte Brecht Leon Schiller ein Dankesschreiben, das, dem Stil nach zu urteilen, als Vorlage für polnische Parteiinstanzen gedacht war:

> „Lieber Genosse Schiller, ich danke Ihnen für den Empfang, den das polnische Theater uns in Ihrer Person bereitet hat. Als Gastgeschenk nehme ich neues Wissen über das Format und die Art der großen dramatischen Literatur Ihres Landes mit mir. Ihre Sulkowskiaufführung zeigte uns den Schwung, die große Anlage und die tiefe Menschlichkeit Ihrer Regie. Nun hoffe ich, Sie auch in Berlin begrüßen zu können. Wir könnten Ihnen dort die Ansätze zu einem neuen Theater zeigen."[3]

Leon Schiller führte in dieser Zeit einen harten Kampf um die Inszenierung der Stücke der großen Romantiker Adam Mickiewicz und Juliusz Słowacki, die mit der Doktrin des sozialistischen Realismus als nicht vereinbar und politisch wegen der vielen antizaristischen bzw. antirussischem Anspielungen als gefährlich galten. Schiller wollte erst in Łódź zwischen 1946 und Anfang 1949 und dann in Warschau an die Vorkriegszeit anknüpfen, als er nicht nur 1932 Tretjakows *China brüllt*, sondern auch die monumentalen romantischen polnischen Dramen (die *Ungöttliche Komödie / Nie-boska Komedia /* von Zygmunt Krasiński, den *Kordian* von Słowacki und die *Totenfeier* (*Dziady*) von Mickiewicz mit großem Erfolg inszeniert hatte. Zum ersten Mal sah man Massenszenen im Stil von Max Reinhardt und Sergej Eisenstein bei der Aufführung romantischer Dramen. Schiller scheute auch nicht vor der Anwendung verschiedenster Montagen zurück, wodurch er als polnischer Piscator bezeichnet wurde. Doch es sollte ihm nicht gegönnt sein, diesen zwischen 1926 und 1932 davongetragenen Erfolg in den Nachkriegsjahren

---

2 Die Uraufführung der *Dreigroschenoper* im Warschauer *Teatr Polski* am 4. Mai 1929 rief einen Skandal hervor, der dazu führte, daß der Intendant Arnold Szyfman den Vertrag mit Schiller nicht verlängerte. Was Brecht davon wußte, bleibt unklar.

3 Photokopie in *Pamiętnik Teatralny* 1955, H.1/13 (zitiert nach Gajek 1974, S. 72f.). Schiller fuhr im Frühjahr 1953 nach Berlin, um dort die Oper *Halka* von Stanisław Moniuszko in der Berliner Staatsoper zu inszenieren. Im *Arbeitsjournal* notierte Brecht am 26. Februar 1952: „zusammenkunft mit schriftstellern. schiller bringt mir fotos von seiner *DREIGROSCHENOPER* (1929), die sehr schön gewesen sein muß. er empfiehlt für die weigel coelestine" (in: Brecht 1973, S. 979). *Sulkowski* ist ein Stück von Stefan Żeromski (1864–1925).

noch einmal zu wiederholen.[4] Seine letzte Arbeit war die Aufführung des *Panzerzugs 14–69* von Vsevolod Ivanow am Warschauer *Teatr Polski*. Das Stück wurde zum ersten Mal am 7. November 1952 gezeigt.

Es ist anzunehmen, dass sich Brecht nach Polen begeben hatte, um zu erkunden, wie er mit seinem Theater in den sozialistischen Osten gelangen könne.[5] Kurz vor der Abreise des Berliner Ensembles nach Polen erschien bei der Presseabteilung der Diplomatischen Mission der Volksrepublik Polen der Sekretär der Gesellschaft für kulturelle Zusammenarbeit mit dem Ausland, Karl Wloch, um mit den polnischen Genossen noch einmal über die geplante Tournee zu sprechen. Er verwies darauf, dass Brecht ein bourgeoiser Individualist sei, wie man der polnischen Notiz über dieses Gespräch entnehmen kann. Brecht lasse keine Debatten über sein Schaffen zu. Die Inszenierung der *Mutter* weiche beträchtlich von Gorkis politischer Linie ab. Sie erinnere mehr an die im *Berliner Ensemble* aufgeführte *Mutter Courage* als an Gorkis Stück. Brecht biete keine Lösung der Probleme an. Wloch bat daher, dass man in Polen das *Berliner Ensemble* in objektiver Weise (d.h. vom Parteistandpunkt aus) kritisiere, um Brecht zu helfen, seine Fehler zu berichtigen. Er mochte nicht, dass man in Polen glaube, das Berliner Ensemble würde die „neue deutsche Kunst" repräsentieren.[6]

4 Am 17. Oktober 1948 gelang es Leon Schiller, dem damaligen Ersten Sekretär der Polnischen Arbeiterpartei (PPR) und Präsidenten der Volksrepublik Polen, Bolesław Bierut, auf einer speziellen Beratung aus Anlass des Mickiewicz-Jahres (zum 150. Geburtstag) seine Vorstellung, wie die *Totenfeier* aufzuführen sei, vorzutragen. Bierut kam jedoch zu dem Schluss, dass die Inszenierung der *Totenfeier* zur Zeit nicht in Frage käme. Damit waren Aufführungen dieses Stückes und der romantischen polnischen Dramen überhaupt für Jahre unmöglich geworden.

5 Erwin Axer (1917–2012) schreibt in seinen Erinnerungen: „Recht früh wurde mir klar (und bis heute denke ich so), daß sowohl ich wie auch andere Polen für ihn eine Brücke darstellten, die nach Moskau führt. Er brauchte eine solche, und es lag ihm an einer Einladung nach Polen." (Axer 1984, S. 154 – alle Übersetzungen aus dem Polnischen stammen von mir, soweit nicht anders angegeben). Axer hatte 1949 im Berliner Ensemble *Die Sonnenbruchs* von Leon Kruczkowski gesehen, 1951 schaute er sich *Die Verurteilung des Lukullus*, die *Mutter* von Gorki und ein Stück von Adam Tarn an (siehe die Erwin Axer gewidmete Nummer 36/37 *notatnik teatralny*, Wrocław 2005, S. 355 und 357). 1952 begleitet er Brecht und insbesondere Weigel während ihres Warschauaufenthalts.

6 Das Dokument befindet sich in Archiwum Akt Nowym unter der Signatur 237/XII-23, es war am 10. Dezember 1952 vom polnischen Außenministerium an das ZK der VPAP geschickt worden. Die Kopie hat mir freundlicherweise Marion Brandt zur Verfügung gestellt.

Das *Berliner Ensemble* sollte, wie aus einem am 5. Dezember der Auslandsabteilung des ZK der VPAP vorgelegten Plan hervorgeht,[7] nicht wie die offizielle Delegation erst nach Warschau fahren, sondern in Łódź mit den Aufführungen der *Mutter Courage*, des *Zerbrochenen Kruges* und der *Mutter* beginnen. Danach war Warschau für drei Aufführungen vorgesehen: zweimal die *Mutter* und einmal der *Zerbrochene Krug* am 22. Dezember – also nicht die *Mutter Courage*. Am Ende des Plans steht handschriftlich: wann reist das Theater aus (ohne Fragezeichen). Eigenartiger Weise fehlt jeder Hinweis auf die Auftritte in Krakau. Bei der zweimaligen Nennung der *Mutter* handelt es sich wahrscheinlich um einen Fehler, es waren einfach die beiden verschiedenen Mütter, die Gorkis und die Brechts, gemeint. Das *Berliner Ensemble* blieb bis zum 29. Dezember in Polen. Nach Łódź gab es in Krakau und Warschau Gastauftritte.

Entgegen dem Willen der deutschen und polnischen Genossen erschien eine Rezension mit lobenden Worten. Nicht alle hatten sich so verhalten, wie es Zbigniew Krawczykowski in Bezug auf die Warschauer Aufführung der *Mutter Courage* drei Jahre später, 1956, beschrieb:

> „[...] wir empfanden die Aufführungen des Berliner Ensembles, insbesondere der »Mutter Courage«, als das Zeichen eines echten, modernen, sozialistischen Theaters. [...] Ich war allerdings erstaunt, als viele Enthusiasten, die zusammen mit mir Helene Weigel und ihren Kollegen für das große künstlerische Erlebnis gedankt hatten, sich kurz darauf von ihrem Enthusiasmus lösten und das Berliner Ensemble scharf zu kritisieren begannen. Die Worte »Formalismus«, »Expressionismus«, »Stillosigkeit«, »Anmaßung« fielen wie Schüsse.“[8]

Wie mir Erwin Axer erzählte, hatten mehrere Funktionäre aus der ersten Reihe, u.a. Berman, das Theater nach der Pause verlassen, was ja als ein eindeutiges Zeichen gewertet werden konnte: Enthusiasmus sei nicht am Platz.

Jerzy Pomianowski, ein im allgemeinen linientreuer Rezensent, war es, der Brecht mit Majakowski und Eisenstein verglich und die Anschauung vertrat, mit dem Berliner Ensemble sei dem Geist und der Form nach ein Nationaltheater,

---

7 Archiwum Akt Nowych, 237/XII/17.

8 nach Gajek 1984, S. 85. Siehe auch den ausführlichen Brechtartikel „Utopia i nauka“ (Utopie und Wissenschaft), den Konstanty Puzyna 1957 in der Monatszeitschrift *Dialog* veröffentlicht hatte. Er macht sich dort über die ehemaligen Brechtgegner lustig, die jetzt ihre damaligen Ansichten zu verleugnen suchen, aber auch über jene, die meinten, dass die alten stalinistischen Zeiten doch nicht so stalinistisch sein konnten, wenn ein Brecht möglich war, der plötzlich als ein Antistalinist galt. Der Artikel ist auch in Konstanty Puzyna, *Szkoła dramaturgów i inne szkice* [Schule der Dramaturgen und andere Skizzen], Wrocław 1993, S. 71–87, zugänglich.

ein Theater wahrer künstlerischer Ambitionen geschaffen worden, ohne dass auf politische Inhalte verzichtet worden wäre. Es sei ein fortschrittliches Theater, das dem neuen kulturellen Schaffen Impulse vermittle, ihm zu einer Renaissance verhelfe. Ein Theater, das mit unerhörter Kraft, Talent und ehrlicher Selbständigkeit um Frieden und Sozialismus kämpfe. Es überzeuge wirklich, schaffe Freude und ergreife zutiefst. Der eigentliche Skandal war, dass Pomianowski erklärte, dieses Theater und die brechtsche Kunst insgesamt seien dem sozialistischen Realismus zuzurechnen. Er verglich die *Mutter Courage* sogar mit dem heroischen sowjetischen Theater.

Jerzy Putrament, der Chefredakteur der Wochenschrift *Nowa Kultura,* in der die Rezension erschienen war, hatte nicht aufgepasst, als er den Druck dieser Besprechung zuließ. Ich habe sie durchgehen lassen, erklärt er in seinen Erinnerungen, weil ich, *wozu ich mich mit Scham bekenne, bis dahin ein Stück von Brecht weder aufgeführt gesehen noch gelesen hatte.*[9] Eine Parteisitzung wurde einberufen. Ein Vertreter einer höheren Instanz gab seiner Empörung Ausdruck. Die Besprechung von Pomianowski habe die Erwartungen der DDR-Genossen durchkreuzt, erklärte er. Diese hätten das Berliner Ensemble nur deswegen nach Polen geschickt, weil sie überzeugt waren, die polnischen Genossen würden das Theater (nicht Brecht!) in prinzipieller Weise auf seine Fehler aufmerksam machen und ihm helfen, diese zu überwinden, berichtet Putrament. Nun sei der ganze pädagogische Sinn der Reise hin. Putrament versuchte, einen Mitarbeiter zu einer Kritik an Pomianowski zu überreden, was ihm auch gelang. Zygmunt Kałużyński übernahm diese Aufgabe. Er wusste, dass es Pomianowski – und nicht nur ihm – um eine Erneuerung des polnischen Theaters ging. In seinem Artikel legt er denen, die den Aufführungsstil des Berliner Ensembles lobten, die Worte in den Mund, Brecht arbeite mit Andeutungen und Symbolen, was zwar realistischer Darstellung widerspreche, aber die Phantasie anrege, und man müsse dabei nicht auf revolutionäre Ideen verzichten. Sollte man daher Brecht nicht nachahmen? Nach Kałużyński nicht, denn Brechts Theater spiegle eine vergangene Epoche des revolutionären Kampfes wider, es sei nur „ein Dokument des vergangenen Zeitabschnitts des revolutionären Kampfes, gleichsam ein Gespenst einer nahen Vergangenheit, eine ergreifende Erinnerung, die aber vor unseren Augen ihre Aktualität verliert“.[10] Noch dazu habe Brecht den Expressionismus nie überwunden. Diese Richtung zeichne sich durch Individualismus und generelle Ablehnung der Gesellschaft aus. Bei der *Mutter Courage* haben wir es nach der Meinung des

9 Putrament 1970, S. 165.
10 Kałużyński 1957, S. 244.

Pomianowski-Kritikers mit einem typisch expressionistischen Stück zu tun. Den Krieg würde der Zuschauer „wie in einem expressionistischen Stück" ausschließlich aus der Sicht der Protagonisten erleben:

> „Ihr Wagen bildet die ganze Welt, in ihm befinden sich Eßwaren, Getränke und Verschiedenes zum Verkauf; ihn, der immer ramponierter wird, sehen wir dauernd vor uns, er stellt das Hauptelement der Dekoration dar. Sie [die Mutter Courage – K.S.] interessiert sich kaum für die Länder, durch die sie zieht, und daher werden die Details in diesem Theater mißachtet; wir erfahren nur – auf einem Transparent ausgehängt – die Namen der Länder, in denen der Wagen steht. Brecht versucht, den Zuschauer in die Vorstellungswelt einer Marketenderin einzuführen. Die ganze Theatermaschinerie dient der Expression ihrer Gemütszustände; als sie vom Tod ihres Sohnes erfährt, öffnen sich ihre Lippen, als wolle sie weinen, aber sie erstarrt in einem mimischen Stöhnen: das Licht erlöscht – alle nehmen an ihrer Verzweiflung teil. Die Ortsveränderungen finden wie im konventionellen mittelalterlichen Theater statt, in dem einige Schritte eine Reise durch ein ganzes Land symbolisieren. Wir befinden uns nämlich – im Grunde genommen – im expressionistischen Inneren der Seele."[11]

„Wir befinden uns", fährt Kałużyński fort, „im Bereich bürgerlichen Denkens, das die gesellschaftlichen Tragödien mit Schrecken wahrnimmt und nicht imstande ist, sie zu erklären; sie erscheinen als das Resultat von blinden, unbegreiflichen, nicht voraussehbaren und beherrschbaren Kräften."[12]

Der einzige sensible Mensch in dieser ahumanen moralischen Wüste ist für Kałużyński die Kattrin. Aber sie ist ein unvollkommenes, anormales Wesen, ein Krüppel; sie ist eine Stumme, furchtbar [potworna] und bucklig [garbata]. Diese Gestalt entspricht, fährt Kałużyński fort, der expressionistischen Poetik, wo eine deformierte, Mitleid erweckende Figur am Rande der Gesellschaft Trägerin der moralischen Idee sei.[13] Kałużyński versteigt sich nach diesen „Erkenntnissen" zu der Behauptung, die Mutter Courage stelle ein Spiegelbild der Deutschen dar, die mit Freude in den Krieg gingen, Nutzen aus ihm zogen, um schließlich ein tragisches Ende zu nehmen und nichts hinzuzulernen.

Jerzy Putrament schrieb in der *Trybuna Ludu*, man habe völlig zu Unrecht aus Brecht einen der Schöpfer des realistischen Theaters gemacht. Das Schaffen Brechts würde das Theater des sozialistischen Realismus zwar auf bestimmte Weise befruchten und bereichern, jedoch Brecht selber, insbesondere im Theater, repräsentiere nicht die Kunst des sozialistischen Realismus und somit einen eigenen Weg zu diesem Theater.

---

11 Ebd., S. 254f.

12 Ebd., S. 257.

13 Ebd., S. 258.

Man hat den Eindruck, dass Brecht gerade auf diese Besprechung antwortete, als er in seinem *Arbeitsjournal* am 12. Januar 1953 notierte:

> „auch in polnischen Diskussionen wurde »Mutter Courage und ihre Kinder« immer wieder als pazifistisch bezeichnet. historisch betrachtet zeigt das stück die erlebnisse einer kleinen händlerin, die im krieg geschäfte machen will und alles verliert. der krieg trifft sie keineswegs als blindes schicksal, sondern sie erkennt ihn als die profitablen machenschaften der großen; an ihnen will sie sich beteiligen. über das einzelne hinaus gewinnt ihr schicksal symbolische bedeutung. das bild deutschlands taucht auf, raubkriege führend, andre und sich selber vernichtend, unbelehrt durch alle katastrophen. die aktion gegen den krieg dieser art ist nicht vernachlässigt. (die stumme kattrin). aber die völlig aufs tätige gerichtete ungeduld unserer neuen sozialistischen gesellschaft ist damit nicht befriedigt."[14]

Wie gern hätte er diese neue sozialistische Gesellschaft und die polnischen Genossen davon überzeugt, dass er ein aufrechter Vertreter sozialistischer Kunst ist. Doch in Polen durfte keiner Brechts Überzeugung teilen. Schwankenden gegenüber sollte hart durchgegriffen werden.[15] Am 17. März 1953 (zwölf Tage zuvor war Stalin gestorben) schickte der damalige Kulturminister Włodzimierz Sokorski einen Brief an die Redaktion der Zeitschrift *Pamiętnik Teatralny* [Theatralisches Tagebuch], in dem er zu der Absicht, einen Artikel aus dem *Neuen Deutschland* auf Polnisch abzudrucken, erklärte:

> „Gegen den Abdruck eines Artikels aus dem »Neuen Deutschland« über den großen deutschen Dichter B. Brecht, habe ich natürlich nichts. Dagegen wird in der Einleitung [die von der Redaktion zu dem Artikel geschrieben wurde – K.S.] nach meiner Meinung völlig zu Unrecht aus Brecht einer der Schöpfer des realistischen Theaters gemacht. Das Schaffen Brechts befruchtet und bereichert zweifelsohne das Theater des sozialistischen Realismus auf bestimmte Weise, jedoch Brecht selber, insbesondere im Theater, repräsentiert nicht die Kunst des sozialistischen Realismus und somit einen eigenen Weg zu diesem Theater, das Organ der SED übergeht daher zu Recht diese Frage. Die Darstellung Brechts in dieser Art, insbesondere in Volkspolen – darüber hinaus mit verschiedenen Ismen des bourgeoisen Ästhetizismus erfüllt – steht im Widerspruch zur Parteipolitik [...]."[16]

Die Einleitung könne daher nicht veröffentlicht werden. Sechs Wochen früher, am 3. Februar, war eine um Vertreter des ZK der PVAP (der Polnischen Vereinigten Arbeiterpartei) und des Polnischen Schriftstellerverbands erweiterte Parteiversammlung des Verbands der polnischen Theater- und Filmkünstler (SPATiF) einberufen worden, um die aufgekommenen Meinungsverschiedenheiten über

---

14 Brecht 1973, Bd. 2, S. 1004.

15 Charakteristisch war auch, dass Leon Schillers Rede zur Begrüßung des Berliner Ensembles erst Anfang 1955 im *Pamiętnik Teatralny* erscheinen durfte.

16 nach Gajek 1974, S. 156f.

die Bedeutung des Berliner Ensembles und vor allem Brechts zu klären, d.h. um wieder zur richtigen Linie zu gelangen. Doch das erwies sich als nicht so einfach, denn mehreren Anwesenden ging es um die Rehabilitierung des polnischen romantischen Theaters, das angeblich mit den Ideen des sozialistischen Realismus nicht vereinbar sei. Es ist interessant, die Dynamik der Diskussion auf der Versammlung zu verfolgen, zumal wir uns heute ein immer einfacheres Bild von dieser Zeit machen, die mit dem Namen Stalinismus charakterisiert zu sein scheint.[17] Auf dieser Versammlung wurden mehrmals Gesichtspunkte formuliert, die von der offiziellen Parteilinie abwichen.

Edward Csató, der kurz zuvor zum Chefredakteur der Zeitschrift *Teatr* ernannt worden war, las als Einführung seinen im Druck befindlichen Artikel „Nieporozumienia dyskusyjne" [Missverständnisse der Diskussion] vor. Seiner Meinung nach entstünden die Missverständnisse aus falschen Auffassungen darüber, was sozialistischer Realismus sei. Die einen verweisen auf realistische Elemente wie den Marketenderwagen, die anderen auf formalistische, wie die Bühnengestaltung. Es gäbe auch das Missverständnis zwischen dem „tief gerührt sein" (er, Csató sei es z.B. gewesen) und der richtigen Einschätzung des Stückes. Obwohl die *Mutter Courage* dem Kampf um Frieden diene, könne man nicht von einem Drama des sozialistischen Realismus sprechen, denn es sage nur die halbe Wahrheit über den Krieg. Was die Ursache des Krieges ist, erfahren wir nach Csató nicht. Als nächster Redner wurde Erwin Axer aufgerufen. Dass der Diskussionsleiter Jerzy Kreczmar ihn auffordert, das Wort zu ergreifen, scheint daher zu rühren, dass dieser bereits bei Brecht in Berlin war und Helene Weigel in Warschau begleitet hatte. Axer meinte, zu dem großen Durcheinander sei es durch den Artikel von Pomianowski gekommen. Dieser habe gleichsam unnötig gefragt, ob man Brechts Schaffen dem sozialistischen Realismus zurechnen dürfe. Natürlich könne man das nicht. Und man solle auch nicht die Theorie des epischen Theaters so ernst nehmen. Sie wirke auf den Außenstehenden ein wenig „komisch", wie eine „Auseinandersetzung mit Schatten, mit Reinhardt, mit Eisenstein", d.h. mit Dingen, die „bereits nicht mehr

---

17 Über diese Diskussion hat Jerzy Kreczmar 1976 kurz in *Pamiętnik Teatralny* (H. 1/2, S. 156) und 1982 ausführlicher in seinem Buch *Cały świat gra komedię. Drobiazgi o teoriach i artystach* [Die ganze Welt spielt Komödie. Kleinigkeiten über Theorien und Künstler] berichtet, nachdem er das Protokoll der Diskussion eingesehen hatte. Während er 1976 die unterschiedlichen Meinungen noch als echte Auseinandersetzungen aus der Erinnerung referiert, kommt er nach der Lektüre des Protokolls komischerweise zu dem Schluss, es habe keinen Streit gegeben, die Diskutanten hätten nur in Deklarationen gesprochen. Er scheint die innere Dynamik der Debatte nicht erkannt zu haben.

existieren, nicht mehr real sind, selbst in Deutschland".[18] Axer bedauerte, dass über die Kleist-Inszenierung nicht diskutiert worden sei, denn da würde man erkennen, dass sich das Brechttheater in Richtung des Realismus bewege, was den damals bekannten Übersetzer Jacek Frühling zu dem Zwischenruf animierte: „Aber nicht des sozialistischen."[19] Axer erwiderte, in der Behandlung der Klassiker sei es ein solcher. Auf Kleist scheint er verwiesen zu haben, um ein wenig vom Prinzipiellen wegzukommen. Da es ihm durch Frühlings Zwischenruf auf diesem Weg nicht gelang, versuchte er es als Mann des Theaters auf andere Art, indem er auf Unterschiede in praktischen Detailfragen aufmerksam machte. Das, was in Polen anstößig wirke, sei in Deutschland selbstverständlich. Man könne das gerade bei Shakespeare-Aufführungen beobachten, wenn beispielsweise ein Schauspieler auf offener Bühne seine Schuhe und Socken auszieht und sich die Fußlappen neu umbindet. Das falle in Deutschland überhaupt nicht auf im Gegensatz zu Polen. Axer schloss seinen Diskussionsbeitrag allerdings mit einer prinzipiellen Bemerkung ab: Tatsächlich habe die *Mutter Courage* als Antikriegsstück heute eine andere Bedeutung als in jener Zeit, in der sie Brecht verfasst hatte: „Ich bin der Meinung, dass jeder Krieg, der uns heute droht, ein ideologischer Krieg sein wird, denn große Massen wären in ihm ideologisch engagiert."[20] Axer fand in Adam Tarn sofort einen Widerpart, der aus dessen Worten heraushörte, dass die ideologischen Voraussetzungen sich in der Form nicht niederschlagen würden. Auf Brechts Theater treffe dies nicht zu, denn auf seinen Vorschlag, die pazifistischen Inhalte in revolutionäre zu verändern, habe Brecht geantwortet, das sei dann nicht mehr sein Theater. Brecht habe sich damit eindeutig als Formalist zu erkennen gegeben, der das Intellektuelle über das Emotionale erhebe. Daher könne sein Theater keine wirkliche Rührung hervorrufen. Er, Tarn, glaube deswegen nicht, dass Csató wirklich gerührt gewesen war.

Die Beiträge machten bis zu diesem Augenblick den Eindruck eines Vorgeplänkels, denn nun ergriff Leon Kruczkowski, der nicht nur Vorsitzender des Polnischen Schriftstellerverbands, sondern auch einer der wichtigsten Dramenschriftsteller des offiziellen Polen zu jener Zeit war, das Wort. Ihm antwortete sofort Jerzy Pański, der ranghöchste Funktionär in Sachen Kultur, Direktor der Zentralverwaltung für Theaterfragen. Kruczkowski fand, dass die *Mutter Courage* verlieren würde, wenn Brecht das Stück umschriebe und es positiv enden lassen würde. Im Grunde interessierten den polnischen Dramatiker die ideologischen

18 *Dialog* 1984, S. 115.
19 Ebd., S. 116.
20 Ebd.

Fragen dieser Art aber nicht; er wollte nur wissen, inwieweit die Gastspiele des Berliner Ensembles helfen könnten, das monumentale romantische Theater in Polen neu zu sehen, es mit anderen Worten zur Aufführung freizugeben. Als etwas romantisch Monumentales empfand Kruczkowski – und nicht nur er – die große leere Bühne am Ende der Aufführung, als Mutter Courage mit ihrem Wagen allein davonzog. Pański antwortete auf Kruczkowskis Diskussionsbeitrag mit einer langen Rede, in der er zu beweisen suchte, dass Brecht Probleme des Kleinbürgertums in Kriegszeiten dargestellt habe. Anna Fierling sei eine typische Kleinbürgerin, wie man sie vor dem Kriege in den ärmeren Warschauer Vierteln antreffen konnte. Der Faschismus habe gerade das Kleinbürgertum für seine Zwecke genutzt, das sich im Krieg gern bereicherte und erst nach der Niederlage dessen Sinnlosigkeit erlebte. Pański hielt darüber hinaus die ganze Schreibweise Brechts für eine expressionistische, was damals einem Todesurteil glich. Der Schlagabtausch zwischen Kruczkowski und Pański wurde durch die Bemerkungen des Schauspielers Jan Świderski unterbrochen, der seiner Freude Ausdruck gab, nicht mit Verfremdungseffekten spielen zu müssen, und Jacek Frühlings, den es störte, dass man in den Debatten so viele Fakten übersehe. Brecht könne nicht mit Toller, Kaiser und Sternheim in einem Atemzug genannt werden, und er habe ja auch noch anderes als die *Mutter Courage* geschrieben, etwa die *Erziehung der Hirse*. Und man müsse auch beachten, dass es eine bessere Darstellerin als Helene Weigel gebe, nämlich Therese Giehse, die in Westdeutschland die Courage spiele. Nun mischte sich die Schriftstellerin und Redakteurin Halina Auderska ein, um kühn zu fragen, warum das Stück die jugendlichen Zuschauer mitgerissen habe, wenn auch zu deren Schaden. Die Antwort sei, weil es hier endlich ein monumentales, ein aus der polnischen Sicht heraus romantisches Theater gesehen habe. Dieses biete ihnen etwas, was sie emotional brauchen. Vielleicht, reflektierte Auderska am Ende, gäbe es eine Möglichkeit anderer Ausdrucksformen im sozrealistischen Theater. Das brachte Kruczkowski auf die Idee, sich zu überlegen, wie die ausländische Jugend reagieren würde, zeigte man ihr einerseits die bürgerliche Komödie *Moralność Pani Dulskiej* [Die Moral der Frau Dulska] von Gabriela Zapolska, andererseits die *Totenfeier* von Adam Mickiewicz. Sicher würde das romantische Drama das größere Interesse erweckten. Pański hielt sofort dagegen, die Jugend erfreue sich einfach an dem Außergewöhnlichen, er habe übrigens aus Krakau die Nachricht bekommen, dass das Publikum bei der *Mutter Courage* davongelaufen sei. Seine Erwiderung fiel recht lang aus. Man merkt, dass er seine Machtstellung voll in Anspruch nahm. Immerhin wusste er effektvoll zu enden. Eine Marketenderin mit einem Wagen auf die Bühne zu bringen, sei ein interessanter Einfall, nur habe er keine rechte Funktion. Er könne nicht den Inhalt tragen, um den es uns in diesem Stück gehe. Danach scheint es eine Pause in der Diskussion gegeben zu haben. Als neuer Gesprächsleiter erschien nun Erwin Axer, der mit der zweiten Vertreterin der offiziellen Kulturpolitik, Maria Czanerle,[21] ins Gehege kam. Sie warf ihm Werterelativismus vor, wenn er auf die unterschiedliche Rezeption des Stücks in der DDR und in Polen verweise. Auch Pański griff ihn an und bezichtigte ihn einer kleinbürgerlichen Denkweise. Axer schien auf verlorenem Posten zu stehen, doch da erklang eine Stimme aus dem Saal: die sowjetische Presse habe die Aufführung der *Mutter Courage* in Paris lobend besprochen. Und Kruczkowski verwies auf den Relativismus in der Friedensbewegung, in ihr beharre man nicht einzig auf dem sozialistischen Realismus. Pański war klug genug, einzulenken: tatsächlich wende man in der Friedensbewegung unterschiedliche Vorgehensweisen an, aber man sei hier im sozialistischen Polen. Das führte zu dem Einwurf aus dem Saal, warum man eigentlich das *Berliner Ensemble* eingeladen habe. Das wisse er nicht, erwiderte er, man müsse Genossen Jan Karol Wende fragen. Dieser habe das Theater einfach für interessant gehalten. Bei allen Einwänden blieb Pański bei seiner Meinung, es handle sich bei der *Mutter Courage* um kein Stück, das der Vertiefung des sozialistischen Realismus dienen und irgendwann einmal politisch nützlich sein könne, es sei denn, „Eisenhower siegt und wir werden uns in einer anderen Lage befinden".[22] Nach diesem Satz fragte Axer pro forma die Anwesenden, ob es noch eine Wortmeldung gäbe, was verständlicherweise nicht der Fall war, und schloss die Versammlung.

Ein Jahr später erhielt Brecht den Stalinfriedenspreis. Jacek Frühling hatte zu Recht auf die *Erziehung der Hirse* verwiesen, denn dort nennt Brecht Stalin „des Sowjetvolkes großer Ernteleiter".[23] Niemand konnte wissen, dass der Autor der *Hirse* im April 1953 in der Zeitschrift *Sinn und Form*, in der führende Intellektuelle ihre Gedanken zu Stalins Tod zu Papier gebracht hatten, die Erklärung abgeben wird:

---

21 Sie war in der Kulturabteilung des Zentralkomitees der Vereinigten Polnischen Arbeiterpartei (PZPR) tätig.

22 Zwei Wochen später erklärte Pański in den „Richtlinien für den Theaterbetrieb 1953": „Die Mutter Courage ist kein Antikriegsstück, weil es weder den wirklichen Kriegsmechanismus entlarvt noch einen gerechten Krieg von einem ungerechten zu unterscheiden weiß [...] Das Missverständnis beruht darauf, es als Theaterstück des begrenzten Realismus zu bezeichnen – es ist einfach unrealistisch, und dies nicht in erster Linie in Bezug auf die Form als vielmehr auf den Inhalt." (zitiert nach Leyko 1998, S. 67).

23 Brecht 1954, S. 167.

„Den Unterdrückten von fünf Erdteilen, denen, die sich schon befreit haben, und allen, die für den Weltfrieden kämpfen, muß der Herzschlag gestockt haben, als sie hörten, Stalin ist tot. Er war die Verkörperung ihrer Hoffnung. Aber die geistigen und materiellen Waffen, die er herstellte, sind da, und da ist die Lehre, neue herzustellen.“[24]

Damit war er in der Sowjetunion preiswürdig geworden.[25] Er bekam 1955 den damals höchsten Preis, den Stalinfriedenspreis überreichen, der kurz darauf in Leninfriedenspreis umbenannt wurde. Der XX. Parteitag hatte stattgefunden. In Polen durfte die *Totenfeier* im Mickiewicz-Jahr 1955 (im 100. Todesjahr) aufgeführt werden. Leon Schiller sollte es nicht mehr erleben. Er war 1954 verstorben. Zu einem neuen unspektakulären Besuch des *Berliner Ensembles* kam es erst nach Brechts Tod im Jahre 1958.

Die Diskussion um Brecht entbrannte offensichtlich nicht nur deswegen, weil die deutschen Genossen enttäuscht worden waren, sondern sie ergab sich auch aus den Widersprüchen, in die die Anhänger des sozialistischen Realismus verwickelt waren. Sozialistischer Realismus hieß, von der Annahme auszugehen, dass es keine überhistorischen Wahrheiten gibt. Alles ist durch die Umstände, die Zeit, den Ort, die Klassenlage bedingt. Dies ist ein Axiom, gegen das nicht verstoßen werden darf. Daher sind leere bzw. fast leere Bühnen sowie Symbole, die missverstanden werden können, zu verdammen. Leere Räume lassen keine Zeit und keine Ortbestimmung zu, sie verweisen auf keinerlei soziale Umstände. Sie suggerieren somit die Existenz von Überzeitlichem. Brechts Bühne war in gewissen Augenblicken fast leer, insbesondere in der *Mutter Courage*; die Handlung erschien nicht als ortsgebunden, sie konnte sich irgendwo abspielen – Transparente sind schließlich austauschbar. Gerade darauf verwiesen die polnischen Rezensenten. Da der sozialistische Realismus ganz Gegenteiliges predigte, wurde die Frage nach dem Raum plötzlich zu einer Gretchenfrage. So nimmt es nicht wunder, dass die Diskutanten auf der Parteiversammlung

---

24 Brecht 1967, Bd. 20, S. 325.

25 In Volkspolen kam es am 31.Dezember 1954 in Krakau zur ersten Aufführungen eines Stückes von Brecht (des *Kaukasischen Kreidekreises*). Nach Kazimierz Braun trugen diese und weitere Inszenierung in den Jahren 1955 und 1956 zur Herausbildung eines neuen, vom sozialistischen Realismus abweichenden Stils bei (siehe Braun 1994, S. 91). Reich Ranicki erklärte dagegen in seinem 1955 in Warschau erschienenen Buch *Z dziejów literatury niemieckiej. 1871–1954* [Aus der Geschichte der deutschen Literatur], die *Mutter Courage* zeige, wie sich ein Autor trotz ausgezeichneter ideologisch reifer Gedichte, sich noch nicht völlig von dem bourgeoisen Denken befreien konnte. Es handle sich zwar um ein Antikriegsstück, aber wir erkennen nicht, wie man eine Welt errichten könne, in der es keine Kriege mehr gebe. (s. dort, S. 246).

immer wieder auf den Raum zu sprechen kamen. Erwin Axer sah an einer Stelle zwei verschiedene Bühnenräume vor sich: den geschlossenen, in dem sich die Familiengeschichten abspielen, und den offenen, wo Ideen im Widerstreit miteinander lagen. Der Anhänger des sozialistischen Realismus müsste eigentlich, da er immer vom Kampf um fortschrittliche Ideen durchdrungen ist, auf Seiten des offenen Raums stehen, doch das widerspricht, wie wir sahen, der Suche nach Zeit- und Klassengebundenheit. Aus diesem Widerstreit heraus ergab sich eine interessante Konstellation: entschlossene Revolutionäre, die ungeduldig auf die Realisierung ihrer Zukunftsideale zusteuerten, wurden zu Anhängern des offenen Raums; die Vorsichtigen, die das Errungene sichern wollten, blieben linientreu beim Übersichtlichen, in sich Geschlossenen. Die Ersten wurden leicht Revisionisten, die anderen Dogmatiker. Viele der Revisionisten wollten im Nachhinein als insgeheime Gegner der Doktrin des sozialistischen Realismus oder gar des Kommunismus interpretiert werden bzw. werden so ausgelegt. Es sollte vergessen werden, dass ihnen einfach ein anderes Modell von Realismus vorschwebte. Brecht war dafür ja das beste Beispiel.

Unter den Zuschauern der Warschauer Aufführung des Berliner Ensembles befand sich der dreiundzwanzigjährige Student Konrad Swinarski. Er war so begeistert von dem, was er sah, dass er beschloss, alles zu tun, um Brecht persönlich kennenzulernen und bei ihm am Schiffbauer Damm zu assistieren. Es gelang ihm auch, wenngleich nicht ohne Mühe und mit großem Zeitaufwand, um die bürokratischen, von der Partei bestimmten Hürden zu nehmen. 1955 fuhr er endlich nach Berlin auf Einladung von Helene Weigel, nachdem er sich mit Käthe Rülicke angefreundet hatte, die in dieser Zeit Regieassistentin am Berliner Ensemble war. Er wusste allerdings nicht, dass Erwin Axer dafür bürgen musste, dass er nach Polen wieder zurückkehren werde.[26] Damals gab es in Berlin ja noch keine Mauer.

Swinarski war der Sohn eines polnischen Offiziers, der bereits 1935 verstarb, und einer deutschen Mutter, die unter der deutschen Besatzung die sogenannte Volksliste unterschrieb, wodurch sie im befreiten Polen in das Lager Lamsdorf (Łambinowice) eingewiesen wurde, in dem sie infolge der unmenschlichen Bedingungen bereits im Oktober 1945 ums Leben kam. Konrad Swinarski gelang es, zu studieren. An der Warschauer Theaterhochschule wirkten u.a. Leon Schiller, Jan Kreczmar und Erwin Axer. 1954 brachte er zusammen mit P. Zieliński Brechts *Die Gewehre der Frau Carrar* in Warschau auf die Bühne.

In Berlin assistierte er bei den Proben zur Inszenierung des *Leben des Galilei*. Von ihm stammt vor allem die berühmte Ankleideszene des Papstes. Wie er in

26 Siehe Axer 2006, S. 210.

einem Interview mit Krystyna Nastulanka erzählte, hatte Brecht ihm aufgetragen, sich mit „Kirchengeschichte", insbesondere der Geschichte der Päpste zu beschäftigen. Das Schwierige sei gewesen, dass die Deutschen keinen Sinn dafür hatten, dass der Papst der Stellvertreter Gottes auf Erden ist. Man trat dem Papst mit einer gewissen Nonchalance gegenüber. Die Schauspieler „standen vor ihm wie vor einem Kapral oder fanden, man könne mit ihm wie mit Biersaufbrüdern umgehen. Man musste ihnen erklären, dass man dem Papst mit Demut gegenübertritt. Aus den dickbäuchigen deutschen Schauspielern, die Brecht böswillig ausgewählt hatte, um zu zeigen, dass sich die Päpste mit solchen wohl ernährten, übergewichtigen Reichen zu umgeben pflegen, mussten demutsvolle Engelchen gemacht werden."[27]

Nach seiner Rückkehr nach Polen inszenierte Swinarski in Warschau *Der Jasager und der Neinsager* im Studententheater STS, *Die Dreigroschenoper* im Teatr Krzywego Koła und danach im Teatr Współczesny sowie *Herr Puntila und sein Knecht Matti* im Teatr Dramatyczny.

Durch die Aufenthalte im Berliner Ensemble konnte Swinarski sich von der Enge der Theaterszene im Stil des sozialistischen Realismus und des von den Sowjets diktierten Stanislawski-Kults befreien, wonach alles „wie im Leben" – allerdings mit der entsprechenden Klassenideologie – dargestellt werden müsse.[28] Die Enge ist wortwörtlich aufzufassen. Die Szene war kein freier Raum, sie musste

27 Swinarski 1988, S. 60.

28 In: http://de.wikipedia.org/wiki/Konstantin_Sergejewitsch_Stanislawski (Abruf am 01. 05. 2013) kann man lesen, dass Brecht Stanislawskis Theorie die Schriften Stanislawskis nicht habe „zur Kenntnis nehmen können (die zu diesem Zeitpunkt noch nicht übersetzt waren)" und auch dessen Regiearbeiten nicht habe „sehen können. Als er kurz vor seinem Tod die ersten genuinen Informationen über Stanislawski bekam, begann er seine Meinung zu revidieren." Ein einfacher Blick in den Katalog der Berliner Staatsbibliothek hätte die Autoren bzw. Autorinnen eines Besseren belehren können. 1947 erschien im Ostberliner Aufbau-Verlag *Das deutsche Stanislawski-Buch. Lehrbuch der Schauspielkunst nach dem Stanislawski-System*, das im Jahr darauf eine Neuauflage erlebte. 1950 wurde *Mein Leben in der Kunst* von Stanislawski im Henschel-Verlag veröffentlicht, der in der DDR für das Theaterleben maßgebend war. Ein Jahr später brachte er *Der schauspielerische Weg zur Rolle* mit fünf Aufsätzen über Stanislawski *Methode der physischen Handlungen* heraus. Als Brecht in Warschau war, fragte er Axer u.a., wie man in Polen und in der Sowjetunion über Stanislawski denke (Siehe: Axer 1984, S. 116). Da die „Stanislawski-Methode" im ganzen sozialistischen Lager, wie es damals hieß, als die einzig vorbildlich geltende für alle Theaterleute verpflichtend war, konnte Brecht nicht umhin, sich mit ihr zu beschäftigen und sie am Ende ein wenig zu loben.

auf ein realistisch erscheinendes Interieur begrenzt werden, um dem Zuschauer zu zeigen, wo und wann, unter welchen Umständen die Handlung sich abspielt. Brecht sah dagegen von solchen Begrenzungen ab. Er behandelte die Szene als einen Raum, von dem man abstrahieren könne. Ihm war das Gestische – gekoppelt mit dem V-Effekt – wichtiger, wenn nicht das Wichtigste.[29]

International berühmt wurde Swinarski durch die Uraufführung des Stücks *Die Verfolgung und Ermordung Jean Paul Marats dargestellt durch die Schauspielergruppe des Hospizes zu Charenton unter Anleitung des Herrn de Sade. Drama in zwei Akten* von Peter Weiss am Berliner Schillertheater im Jahre 1964. Drei Jahre später inszenierte er das Stück auch in Warschau, am Theater „Ateneum". Er erntete ebenfalls großen Beifall, wobei hinzukam, dass das Stück als eine Kritik am herrschenden System aufgefasst werden konnte, zu der die Übersetzung nicht zum geringen Teil beitrug.[30] Sowohl an der Berliner wie auch der Warschauer Inszenierung ließ sich deutlich erkennen, dass Swinarski in vollem Maße die Möglichkeiten, die die Bühne als Raum bietet, ausnutzte, wodurch das Stück mit seinen vielen Knittelversen und dem Aufeinanderprallen von z.T. dogmatisch vorgetragenen Ansichten sowohl an Attraktivität wie auch an Aussagekraft gewann. Die deutsche Kritik sprach zu Recht von einem „entfesselten" Theater. Man nannte Swinarski sogar einen „Entfesselungskünstler" und sah in ihm einen Erneuerer des deutschen Aufführungsstils. Man erkannte allerdings nicht, dass sich dies aus einer für jene Zeit neuen Behandlung bzw. Nutzung des Bühnenraums ergab, der sich nach allen Seiten hin öffnete und auf dem sich die zahlreichen Akteure ununterbrochen bewegten, einzig de Sade und Marat in seiner Wanne stellten Ruhepunkte dar. Vor ihnen spielte sich die Revolution als ein im Grunde genommen unverständliches Ereignis ab.

Erwin Axer erzählt in seinen Erinnerungen, Swinarski habe ihm gleich zu Beginn des Studiums in Warschau eröffnet, dass er die polnischen Romantiker inszenieren werde. Axer riet ihm mit väterlichem Gestus ab. Er meinte, dass dem nicht nur die politischen Gegebenheiten entgegenstünden, sondern auch die sprachlichen Hürden. Dahinter schien sich die Überzeugung zu verbergen, dass Swinarski das Polnische zu spät erlernt habe. Swinarski ließ von seiner Idee aber nicht ab. 1965 führte er die *Nie-Boska Komedia* [Un-Göttliche Komödie] von Zygmunt Krasiński und acht Jahre später das Stück *Dziady* [Die Totenfeier] von Adam Mickiewicz im Krakauer „Teatr Stary" auf. Axer befand sich 1965 unter

29 Mit der Betonung des Gestischen und des V-Effekts strebte er, wie ich einmal zu zeigen versuchte, eine Petrifizierung des theatralischen Stils in Nachahmung des japanischen No-Theaters an (siehe: Sauerland 1988).

30 Siehe hierzu Sauerland 1990.

den Zuschauern. Nach dem Beifallsschwall begab er sich zu Swinarski hinter die Kulissen, um ihm „mit Tränen in den Augen“ von ganzem Herzen zu gratulieren. Swinarski wusste nicht, warum Axer Tränen gekommen waren. Es war nicht nur die Freude über den Erfolg, Wie Axer schreibt, habe er verstanden, dass „Swinarski an diesem Abend seinen Kampf um die Existenz in diesem Land (gemeint ist Polen – K.S.) gewonnen hatte. Und in dem Volk (im Original steht naród, was man auch mit Nation übersetzen kann – K.S), das er sich ausgewählt hatte. Für mich war es der Erfolg eines mir nahen Menschen, eines Bruders oder Sohnes, und nicht so sehr der Sieg eines Künstlers. Es gab auf dessen Lebensweg zu viel Unwillen, Feindschaft, Misstrauen, sogar Hass. Ich hatte zu viele anonyme Zuschriften erhalten“.[31]

Wie Swinarski den Raum in der Aufführung der *Totenfeier* gestaltete, beschreibt äußerst anschaulich Joanna Walaszek:

> „Der Raum, in dem sich die Handlung abspielt, beschränkt sich nicht auf die Bühne, sondern erfüllt fast das ganze Theatergebäude. Er umfaßt die Garderobe, das Foyer, den Zuschauerraum, er geht in die Tiefe und die Weite und sogar in die Höhe. Tauben sitzen unter der Decke, Engel singen über der Bühne, auf dem Balkon spielt ein Orchester, von dort aus kommen Donner und Blitz. Einzelne Gestalten umringen das Parterre, vermischen sich mit den Zuschauern, kommen in die Mitte des Saals.“[32]

Swinarski schuf hier ein totales Theater. Es erwuchs aus einer Ehrfurcht heraus, wie er sie in der Ankleideszene im *Galilei* offenbarte. Hier ist es vor allem die Ehrfurcht vor den Volksbräuchen, wie man sie am Allerheiligentag beobachten kann. Swinarski nimmt das Stück von Mickiewicz ernst, die Verzweiflung am Schicksal Polens, den Ruf an Gott, der sich nicht zeigen will. Swinarski teilte in keiner Weise die verbreitete Ansicht, man müsse sich endlich von der Mystik trennen, von der ein Mickiewicz durchdrungen war, einer Mystik, die zu dem polnischen Messianismus führte.

Einen ganz anderen Weg ging Jerzy Grotowski in seiner Auseinandersetzung mit der polnischen Romantik. Man mag sich wundern, dass auch er sich ihr zugewandt hatte. Aber es ist nun einmal so, dass das polnische Theater von dem Erbe, das die drei großen Romantiker Mickiewicz, Krasiński, Słowacki hinterlassen haben, nicht absehen kann, wie Konstanty Puzyna – nota bene einer der besten Stilisten unter den polnischen Theaterkritikern – zu Recht betonte, als er Ende der siebziger Jahre auf einer Konferenz in Italien versuchte, Grotowskis Weg

---

31 Axer 1984, S. 210.
32 Walaszek 1998, S. 371.

zum „armen Theater“ zu charakterisieren.[33] Grotowski verarbeitete – es war, im Nachhinein gesehen, nicht anders zu erwarten – die polnische Romantik in einer besonderen Weise. Er nahm sich nur Teile der jeweiligen Stücke vor. So reduzierte er 1961 die *Totenfeier* auf den Teil II, d.h. auf jene Szenen, in denen die einfachen Leute vom Lande den Tag der Totenfeier begehen, Geister der Verstorbenen erscheinen und erzählen, wie man leben muss, um nicht im Jenseits für seine diesseitigen Verfehlungen büßen zu müssen, sowie die *Improvisation* [*Improwizacja*] aus dem dritten Teil, in dem Konrad auftritt. Er ist nicht der, welcher Gott anklagt, nichts gegen das Elend auf Erden getan zu haben, und er deswegen die Macht über die Millionen im Namen der Freiheit, der Freiheit Polens, übernehmen will, sondern ein in sich Zerrissener, ein leidender Christus.

Indem Grotowski mit dem Ritus beginnt, kann er zeigen, dass das Theater aus diesem heraus entstanden ist. Die Zuschauer sind Teilnehmer der Totenfeier, bis dann Konrad auftritt und eine Art Kreuzweg geht, sich durch die im Raum Anwesenden seinen Weg bahnend.

In ähnlicher Weise inszenierte Grotowski *Apokalypsis cum figuris*, die bekannteste Aufführung seines Theaterlaboratoriums. Es gibt hierzu keine wirkliche Textvorlage, nur allerlei Stellen aus der Bibel und Kirchenliedern sowie Dostojewski-, Eliot- und Simone-Weil-Zitate. Die Inszenierung fand ohne Bühne statt. Die Schauspieler bewegten sich inmitten des Raums, rundherum saßen oder standen die Zuschauer. Die Gegenstände, mit denen die Akteure operierten, waren ein Laib Brot, ein Eimer Wasser, ein Messer, ein Handtuch. Zwei Scheinwerfer oder Kerzen erleuchteten den Raum.

Als ich mir das Stück ansah – ich saß nicht auf dem Fußboden, sondern auf einem Fensterbrett (das Fenster war zugehängt) – , hatte ich von Zeit zu Zeit Lust mitzuspielen. Man erlebte die Wiederkunft Christi körperlich. Er war unerwünscht. Die Sehnsucht nach ihm, die im Stück eine erotisch-mystische ist, wollte man offensichtlich nicht in dieser Weise erfüllt sehen. Plötzlich hatten die Agierenden nicht nur das ganze Elend der letzten zwei Jahrtausende vor Augen, sondern auch das geflossene Christusblut, das sie recht wörtlich nahmen, wie auch Brot und Wein. Das Stück endet mit den Worten: „Geh und komme nie wieder!“ Die Scheinwerfer waren erloschen, die letzte Kerze ging aus. Als es wieder hell wurde, waren die auf dem Boden bzw. Fensterbrettern sitzenden Zuschauer nur noch unter sich.

Es war recht klar, dass es Grotowski weniger um das Erscheinen von Christus und um eine tiefere Reflexion darüber sowie die Reaktion der Menschen darauf

33 Siehe Puzyna 1982.

ging, sondern vor allem um das Körperspiel, um Enthemmung und gegenseitige Körperwahrnehmung, um Körper im sozialen Raum.

Die *Apokalypsis cum figuris* war Grotowskis letztes Stück. 1975 verwandelte er sein Theaterlaboratorium in ein Institut, an dem paratheatralische Experimente und Selbstfindungsübungen durchgeführt wurden. Es war ein Experimentierraum mit dem Körper. Grotowski ging von nun an auf die Suche der Ursprünge des Theaters, bei der er der Rolle des Raums größte Aufmerksamkeit schenkte, es wurde jedoch immer mehr einer ohne Zuschauer. Die Agierenden blieben unter sich.

Einen anderen Weg hatte der achtzehn Jahre ältere Tadeusz Kantor eingeschlagen, dessen theatralischen Anfänge in die Zeit der deutschen Besatzung reichen, als er in Krakau in Wohnungen Słowackis *Balladyna* und Wyspiańskis *Powrót Odysa* (Odysseus' Rückkehr) illegal inszenierte. Nach Kriegsende wirkte er an allerlei Theaterunternehmen mit. Seine Notizen zeugen davon, wie er immer wieder über den Raum reflektierte. So schrieb er 1949: „Der Raum macht Freude, verschafft Freiheit für die Einbildungskraft".[34] Er wirkte in dieser Zeit als bildender Künstler. Ab 1949 musste er viele Einschränkungen durch die Ideologie des sozialistischen Realismus erfahren. Radikale Raum-Ideen ließen sich nicht verwirklichen. Doch 1955, als bereits das „Tauwetter" einsetzte, entschloss er sich mit einigen anderen Künstlern zu einem Protest, der sich darin ausdrückte, dass sie eine Ausstellung in Privaträumen organisierten. Es war auch das Jahr, in dem er zusammen mit Maria Jarema und Kazimierz Mikulski das experimentelle Theater Cricot 2 gründete und Aufführung eines Stücks von Witkiewicz vorbereitete.

Dieses Theater zeichnet sich u.a. durch eine neue Auffassung der Requisiten und des Raumes aus. Der Gegenstand, das Objekt, das Ding sollten keine „Rolle" spielen, sondern sich einfach im Raum befinden. Es ist zumeist Schäbiges, wodurch eine „Erdung" [uziemianie][35] geschaffen wird. Und an die Stelle der Dekoration trat der reale Raum, der durch Bewegung und Licht „organisiert" wird.[36] Die Schauspieler agieren zum Teil wie Puppen oder besser wie Figurinen.[37] Die Szene wird mit Hilfe von Schnüren und Pfählen von den Zuschauern abgeschlossen. Am Rande stand Kantor als Regisseur, der das Ganze dirigierte, als befände er sich vor einem Orchester. Sein Theater sollte in den 1970er Jahren als „Theater des Todes" vor allem mit der *Umarła klasa* (Tote Klasse) weltberühmt werden.

---

34 Kantor 2005, S. 111.

35 Ebd. S. 128.

36 Ebd. S. 129.

37 Hier sei auf meinen Aufsatz verwiesen: Sauerland 1991. (in auch: http://tocs.ulb.tu-darmstadt.de/13500600.pdf nachlesbar). Polnisch auch: Sauerland 2003.

Es wäre nun darzustellen, wie die hier beschriebenen Raumauffassungen im internationalen Theatergeschehen in den 1960er und 1970er Jahren rezipiert wurden, wie sie Regisseuren, etwa George Tabori, den Mut gaben, eigene Ensembles zu gründen,[38] aber das wäre ein neues Thema.

38 1977 war George Tabori mit seinem Bremer Theater-Laboratorium zu einem Gastspiel nach Warschau gekommen. Gespielt wurde *Sigmunds Freude*. In einem Interview, das ich mit ihm durchführte und das dann in der Wochenschrift *Literatura* erschien, sagte er u.a., dass ihn das Wirken von Grotowski und Kantor ermutigt hätten, sein Laboratorium einzurichten. Es bestand leider nur drei Jahre. 1978 verwehrte ihm der Bremer Senat jede weitere Unterstützung.

Hans-Christian Stillmark
(*Potsdam*)

Zur Rauminszenierung in Volker Brauns „Iphigenie in Freiheit"

Am Beispiel von der vier Szenen in „Iphigenie in Freiheit" (1992) erläutert der Beitrag einerseits die Raumanfälligkeit der Rezeption, in dem geopolitische Veränderungen, wie der Fall der Mauer, sich auch auf die Bedeutung von Texten auswirkt. An diesem Stück von Braun wird gezeigt, wie Räume sich verschachteln, in dem sie durch intertextuelle Bezüge ein Vielzahl von Bedeutungsebenen aufbauen. Inwieweit die Raumkonstruktionen sich dabei konkret auf die DDR beziehen und/oder auf die Wende, macht das Stück nach wie vor aktuell. Zugleich wird in dem Beitrag deutlich, wie Räume, die Ideen in sich aufnehmen, sich mit der Zeit zu Gefängnissen umwandeln, aus denen die Befreiung wartet. Nach einer Regieanmerkung von Braun ist der Raum der Brust des Individuums, der veräußert wird, bis er sich in seiner Selbstinszenierung auflöst. So entstehen plurale Räume, die sich stetig verwandeln, dabei jedoch die Umgebung der Figuren determinieren. So zeigt sich, dass die Räume durch die Darsteller und ihre Text konstituiert, ergänzt und verwandelt werden.

Das Drama „Iphigenie in Freiheit"[1] von Volker Braun ist zwischen 1987 und 1991 entstanden, es wurde 1992 im Suhrkamp-Verlag veröffentlicht und im gleichen Jahr auch in Frankfurt am Main uraufgeführt. Es ist ein typischer „Wende-Text", obgleich es nicht DAS „Wende-Stück" geworden ist, nach dem das deutsche Feuilleton ca. fünfzehn Jahre lang gefahndet hatte. Als ein Dokument aus der Arbeit des Autors Volker Braun ist es aber auch deshalb besonders interessant, da nicht erst mit dem Jahr 1989, dem Mauerfall und der Implosion des Sozialismus das Stück geschrieben wurde, es ist ein Material, an dem der Autor schon vor, in und nach der Wende gearbeitet hatte. Insofern trägt es Spuren einer historischen Veränderung, die es kalkulierte und solche, die von den Veränderungen der Wirklichkeit geprägt sind. Das Material ist also vom geschichtlichen Verlauf eingeholt und korrigiert worden. Vermutungen, Befürchtungen, Wünsche wurden zu Gewissheiten oder erwiesen sich als illusionär. Die Geschichte durchkreuzte den Text. Doch dazu später. Im Übrigen: Der publizistische Ruf nach dem „Wende-Roman" oder dem „Wende-Stück" ist übrigens mittlerweile verhallt ohne von den Autoren wirklich erhört worden zu sein. Man kann diese Lage freilich auch umgekehrt lesen: Die deutsche Literatur kümmerte sich wenig um publizistische

1 Braun 1992. Aus dieser Ausgabe wird in der Folge so zitiert: I, + Seitenzahl.

(An-)Forderungen. Besonders die ehemaligen DDR-Autoren schreiben an ihren Wende-Texten beharrlich weiter, ohne sich um die Ansprüche oder Reklamationen der Literaturkritik zu kümmern. So besteht zwischen Literatur und Kritik ein anhaltendes Missverstehen. Dennoch entstanden und entstehen Texte mit ihren spezifischen Raum-Kontexten in ungebrochener Fülle und Kontinuität. Warum erwähne ich dies? Geopolitische Aspekte und also räumliche Kontexte sind es, die die Literatur überlagern oder unterfüttern. Nicht zuletzt werden die textuellen Räume in den literarischen Geweben gemacht, es sind damit poetische Gebilde mit einer eigenen Zeitlichkeit und Topografie. Die Topoi, die sich aus literarischen Texten generieren lassen, sind so eingebettet in außerliterarische Räume, die ihnen gegenüber keineswegs kongruent sind. Sie scheinen aufeinander zu verweisen und doch sind sie different. Bachtin hat mit dem Terminus „Chronotopos"[2] ein Teil dieser Differenz begrifflich zu fassen versucht. Man muss wahrscheinlich so weit gehen, dass, wann immer sprachlich Räume verfasst und kommuniziert werden, sie ein Versprechen von Sendern und Empfängern auf eine Äquivalenz bilden, die dieses aber ganz genaugenommen nie werden einlösen können. Immerhin reicht aber es zur Verständigung von Menschen aus, dass diese dem Versprechen bereits den Status von Wahrheit zukommen lassen. Bestünde man auf den nuancierten Differenzen, wäre ein Verstehen nicht möglich. Mit dem „bewegliche(n) Heer von Metaphern"[3], das nach Nietzsche die Sprache bildet, ist aber das Absehen von Differenz zum Prinzip des Verstehens von Wahrheitsannahmen erhoben und dieses dominiert letztlich das Verhalten. Andres ausgedrückt: die bezeichneten Räume in der literarischen Kommunikation zu identifizieren und (wieder) zu erkennen, benötigt einen oberflächlichen Konsens, der auf genaueste Konkretisation verzichtet. Nur so kann Verständigung zwischen den Kommunikationsteilnehmern funktionieren. Zu diesem Dilemma tritt die historische Dimension noch hinzu: sage ich vor 1989, um 1992 oder gegen 2016 „DDR", dann scheint die in den Blick genommene staatlich-räumliche Gegebenheit jeweils eine andere zu sein. Sie hat sich verwandelt und ist von den Spuren der historischen (Selbst-)Bewegung markiert worden. Dem Wege des Verstehens und der Verständigung sind somit raumtextliche Wandlungen inhärent, die ein jeweiliges Anderes generieren. Bleiben wir beim Drama der Wende-Zeit, so ist der Einbruch der Politik in die Literatur am ehesten in den Biographien und den Sachbüchern zu erleben. Im Drama wurde die Wende zögernd gestaltet[4], nur wenige Stücke gelangten in die

2 Vgl. Bachtin 2008.
3 Nietzsche 1966, S. 314.
4 Vgl. Haas 2004.

Theater und noch seltener über eine Saison hinaus gespielt wie etwa Klaus Pohls “Karate -Billi kehrt zurück“[5]. „Wessis in Weimar“[6] (Rolf Hochhuth) profitierte von der Prominenz seines Autors, der als Quasi-Eigentümer des Berliner Ensembles sein Stück in die Wirklichkeit adaptierte – Rolf Hochhuth oder Wessis in Berlin. Oliver Bukowskis hübsche Parataxe: „Londn – L.Ä. – Lübbenau“[7] wurde nur in der Literaturwissenschaft beachtet. Heiner Müllers „Germania III – Gespenster am Toten Mann“[8] waren eher Omen zum Nomen, wurde kaum nachgespielt, wie Müllers Dramatik generell nach 1989 in die Archive versank. Man könnte auch über die Randexistenz von Christoph Heins „Randow“[9] kalauern – nebbich. Eigentümlich bleibt den Wendestücken, dass ihre Titel auf Räume und Raumbeziehungen verweisen. Sie spielen in Ort- und Landschaften, die jetzt als historische gelten, mag man sie nun „ehemalige DDR“, „Ostdeutschland“ oder auch „neue Länder“ nennen.

Bemerkenswert vielleicht auch dies für die unmittelbare Wende-Zeit: Es kam zwar ein „Sportstück“[10] ins Theater, ein „Herztier“[11] wurde auf keiner Bühne erblickt und auch „Fonty“[12], um die Hauptgestalt eines dritten Literaturnobelpreisträgers deutscher Zunge der jüngsten Zeit zu nennen, hat seinen Platz im Parkett längst räumen müssen. Die Theater, so kann man mit anderen Worten festhalten, sind in der Wende nicht der Ort der politischen Auseinandersetzungen gewesen. Neue Stücke machten allenfalls im Vorfeld der Wende unter der SED-Diktatur von sich reden. Ob als „Ritter der Tafelrunde“[13], „Wolokolamsker Chaussee“[14] oder als „Übergangsgesellschaft“[15] – Autoren wie Christoph Hein, Heiner Müller oder

5 Pohl 1993. UA: 16. Mai 1991 Deutsches Schauspielhaus Hamburg, Regie: Klaus Pohl.

6 Hochhuth 1993. Bereits ein Jahr vor der Uraufführung am Berliner Ensemble in der Regie von Einar Schleef am 10. Februar 1993 wurde das Stück im Feuilleton als republikweiter Skandal empfunden.

7 Bukowski 1993. UA: 15. Mai 1993, Brandenburgisches Staatstheater Cottbus, Regie: Frank Lienert

8 Müller 2002. UA: 1996, Schauspielhaus Bochum, Regie: Leander Haußmann

9 Hein 2002. UA: 21. 12. 1994, Staatsschauspiel Dresden, Regie: Klaus Peter Kirst.

10 Vgl. Jelinek 2004. UA: 23. Januar 1998, Burgtheater Wien, Regie: Einar Schleef.

11 Müller 2007.

12 Vgl. Grass 1995. Der Roman „Ein weites Feld“ behandelt u. a. auch Theodor Fontanes/ Fontys theaterkritische Arbeit in den deutschen Wendezeiten.

13 Vgl. Hein 1989.

14 Müller 2002a.

15 Braun 1987.

Volker Braun legten jeweils das „Zündkraut zu einer Explosion“[16] vor. Nicht unerwähnt seien auch ausgewählte Stücke der Sowjetdramatik, die auf die Bühnen der DDR fanden.

Volker Brauns Stück „Iphigenie in Freiheit“ hat es immerhin nach der Wende geschafft, als Ärgernis in einer größeren Öffentlichkeit wahrgenommen zu werden. Auch dieses Stück wurde wenig gespielt, obwohl es 1993 von Susanne Stelzenbach als Oper[17] vertont wurde. Mythosforscher[18], wie Literaturhistoriker der Wende haben sich gern damit beschäftigt, nicht zuletzt deshalb, weil der Text des Dramas einen unübersehbaren Teppich von Anspielungen bereit hält, die einen originellen Welt-Raum erzeugen, wobei die Raumzeit von der Antike beginnend sich in prominenten Bühnentexten der Weltliteratur bis in die Gegenwart ausschreiten lässt.

Vier Szenen und eine Anmerkung strukturieren das Stück. In der Aufzählung wird möglicherweise die besondere Raumsituation dieser Collage sofort sinnfällig:

I Spiegelzelt
II Iphigenie in Freiheit
III Geländespiel
IV Antikensaal

Alle Szenen sind durch eine örtliche Angabe umrissen, gleichwohl die Situation der Iphigenie traditionell geographisch verfasst und außerdem von anderen Personen über sie verhängt war: Mykene, Delphi, Aulis, Tauris. Bei Braun ist, anders als in der konventionellen Zuordnung, der Ort der Iphigenie in ein Fahnenwort der aufklärerischen Philosophie transformiert worden, anzeigend ihre völlig neue historische Selbstbestimmung und -verfassung: die Freiheit!

„Formal betrachtet bestehen alle vier Szenen jeweils aus einem Stimmengewirr, einem selbstreflexiven Redefluss, anhand dessen die Rolle der von Iphigenie verkörperten Intellektuellen im Kapitalismus neu definiert wird. Trotz der Tatsache, dass Iphigenie im Mittelpunkt steht, beschränkt sich Braun keineswegs durchgehend auf eine einzige Perspektive. Durch das Fehlen von Regieanweisungen und Sprecherangaben kann keine Aussage eindeutig den Hauptfiguren Iphigenie, Thoas, Orest, Pylades oder Antigone zugeordnet werden. Stattdessen konfrontiert Braun sein Publikum mit einer Montage aus selbst verfassten Passagen, in die

16 Goethe charakterisierte bekanntlich die Wirkung seines „Prometheus“- Fragments mit diesen Worten.

17 Stelzenbach 1992, UA: 18. Juni 1993, Hebbel-Theater Berlin, Regie: Alexander Stillmark.

18 Vgl. u. a. Volker Riedel 2000.

er Zitate von Büchner, Müller, Lessing und Goethe einstreut. In typisch postmoderner Manier werden sprachliche Versatzstücke aus ihrem ursprünglichen Zusammenhang gerissen und neu montiert, um den fehlgeschlagenen Kommunikationsversuch zu unterstreichen. Das alogische Verfahren der Montage erzeugt durch die plötzlichen Wechsel eine Atmosphäre der Verrücktheit und des Entsetzens. Dies wird in seiner Wirkung dadurch potenziert, dass auch im Einzelnen der Bau der Rede die Illusion des Widerspruchsvollen, Unartikulierten hervorbringt. Obwohl verschiedene Personen andeutungsweise erkennbar sind, erweckt das Stück den Eindruck, als echoten verschiedene Stimmen durch Iphigenies beziehungsweise Brauns Kopf. Damit verlagert Braun die Reflexion über die gescheiterte Wiedervereinigung in Iphigenies Schädelraum hinein. Der Text schildert den Identitätsverlust der Ostdeutschen, weil [...] eine gescheiterte Selbstbespiegelung, ein fehlgeschlagener Versuch der Selbsterkenntnis dargestellt wird.“[19]

Diese Zitierung resümierend könnte man auch mit spitzer Zunge formulieren, die Szene des Stücks besteht aus Brauns Hirn, das sich u. a. als Iphigenies Kopf maskiert hat. Die „Anmerkung“ (I, S. 35) zum Stück steckt als Gebrauchsanleitung für das szenisch-räumliche Statut des Textes etwas anders, jedoch ebenso ungenau wie präzise ab:

> „Die Szene ist der Raum der Brust, den der Eiserne Vorhang abschließt, er öffnet sich zum Bühnenraum der Handlung, der die Körper gleißend ausstellt, bis sie das diffuse Licht ihrer stolzen Landschaft aufschluckt.“ (I, S. 36)

Wie leicht zu bemerken ist, überlagern und akkumulieren sich die Semantiken von Raumangaben zu Bildern, die dem Ganzen (wie immer es sich auch schließlich zusammensetzen soll) zwar Konturen verleihen, diese aber zugleich auch wieder verwischen. Dekonstruktion nennt man das und am Beginn der 1990er Jahre ist das schick. Allein der destruktive Part und das letzte Wort dieser Szenenbezeichnung ist höchst ungewöhnlich für eine räumliche Terminologie: „Aufschlucken“. Mir ist zwar das anthropomorphe “Herunterschlucken“, auch das „Verschlucken“ bekannt und nicht zuletzt der „Schluck-Auf“. Das „Aufschlucken“ kommt scheinbar aus einer anderen Welt und das soll nach des Autors Willen wahrscheinlich auch damit behauptet werden. Wir werden uns auf diese andere Welt noch näher einlassen müssen.

Versuche ich das „diffuse Licht“(ebd.) der „stolzen Landschaft [...] (der) Körper“ (ebd.) – wie kann eine Landschaft stolz sein? Wie funktioniert eine Landschaft der Körper eigentlich? – mir nur annähernd vorzustellen, so gerate ich mit dem

19 Haas 2004, S. 50.

„Bühnenraum der Handlung" (ebd.), der „die Körper gleißend ausstellt" (ebd.) in Probleme des Imaginären. Dieses „diffuse Licht", das das Gleißende aufschluckt, ist mir ohne weiteres nicht geläufig. Es verweist mich ins Abseits von nicht eigentlich vorhandenen Kenntnissen der Astrophysik über „schwarze Löcher", die Materie zum Verschwinden bringen. Bereits auf der Höhe des halben Satzes versagt sich mir eine sinnvolle Synthese. Ich habe mich im Gestrüpp möglicher Zuordnungen längst verfangen. Es ist eher zu ahnen als zu bestimmen, wie die Szene sich vergegenwärtigen lässt. Gewiss habe ich die Doppeldeutigkeit des Eisernen Vorhangs als Fachbezeichnung für eine bühnentechnische Vorrichtung zur Brandverhütung und als politischen Terminus des Kalten Krieges unterschieden. Aber ein „Eiserner Vorhang", der „den Raum der Brust" (ebd.) abschließt (wessen Brust eigentlich?) ist mir nur als Ritterrüstung oder als Kettenhemd plausibel. Spontan fällt mir eine Gedichtzeile von Volker Braun ein: „Als die Mauer fällt, sehe ich die Mauer in mir".[20] So endet eines der berühmtesten Wende-Gedichte. Sein Titel: „Das Eigentum" führt transfigural zur Überschrift der ersten Szene des Dramas „Spiegelzelt" (I, S. 7). In einem Spiegel erblickt man vor allem sich selbst. Man ist dort mit dem eigenen Abbild konfrontiert. Die Konnotation des Spiegels im wiedervereinigten Deutschland, in dem man im Nachrichtenmagazin „Der Spiegel" die jüngsten politischen Ereignisse berichtet und zugleich kommentiert findet, führt den intimen Raum des Persönlichen sogleich in die Sphäre des Öffentlichen, worin sich nicht zuletzt die Dichtungen von Volker Braun ihren Platz zuweisen.

Ich werde gleichzeitig auch noch an die Sentenz „Heinrich, der Wagen bricht" erinnert, das auf eine verkrochene Weise mit dem Ganzen zu tun hat:

> „‚Heinrich, der Wagen bricht!'
> ‚Nein, Herr, der Wagen nicht,
> Es ist ein Band von meinem Herzen,
> Das da lag in großen Schmerzen,
> Als Ihr in dem Brunnen saßt
> Und in einen Frosch verzaubert wart.'"[21]

Heinrich, der treue Diener des zum Frosch verzauberten Prinzen hatte sich, wie die Kenner des Märchens vom Froschkönig wissen, drei eiserne Bänder um das Herz legen lassen, „damit es ihm nicht vor Weh und Traurigkeit zerspränge."[22]

Achtung – hier kommt ein Miniexkurs! Komparatisten schrecken nicht vor Vergleichen zurück, die auf den ersten Blick unmöglich erscheinen: Waren die

---

20 Braun 1990.

21 Vgl. Grimm 1994.

22 Ebd.

„Wendehälse" nicht auch wie verzauberte Frösche, die auf eine Befreiung gewartet hatten? Bekanntlich wurden aus ihnen (leider) keine Prinzen, aber das wäre eine andere Geschichte …

Der Mauerfall, die Aufhebung des Eisernen Vorhangs in der politischen Welt, der sichtbare Eiserne Vorhang in der Brust und die gesprengten Bänder um das Herz des treuen Heinrich sind strukturell in der „Anmerkung" zum Drama miteinander verwoben und verwandt. Die richtige Gestalt wiederzuerlangen und auch eine Befreiung zu erleben ist dem Froschkönig wie dem Nachkriegsdeutschland widerfahren. Und unfreiwillig ist es dem Autor des Textes passiert. Wobei, wie das Gedicht „Das Eigentum" es behauptet, so gänzlich inaktiv war der Autor Volker Braun bei dem Befreiungsakt des Landes DDR nicht gewesen. „Da bin ich noch: mein Land geht in den Westen […] Ich selber habe ihm den Tritt versetzt."[23] Auf den Iphigenien-Mythos bezogen ist Iphigeniens Befreiung aus dem Reich der Taurer wiederum ein weiteres Glied in einer langen isotopischen Kette in der europäischen Literatur. Im Drama korrespondiert die Befreiung der Tochter des Agamemnon durch die Händler/ Fluchthelfer Orest und Pylandes (vgl. I, 14) aus dem taurischen Reich des Kreon mit der Entlassung der DDR aus dem sowjetischen Imperium.

Ich war in meinen Überlegungen vom Eisernen Vorhang ausgegangen und stelle zunächst eine gewisse Plausibilität in den Topoi der Befreiung fest, die Brauns Text mit der „Anmerkung" zum Ausdruck gebracht hat. Und bei allen strukturellen Parallelen, die ich hier ausmachen kann, vertrete ich die Ansicht, dass Volker Braun mit dieser unmöglichen Szenerie einen Raum zur Anschauung erstellen möchte, der mit einem Diktum Goethes, das jener einst auf sein Hauptgeschäft – den „Faust" – bezog, als „inkommensurabel" gekennzeichnet werden kann. Inkommensurabilität ist übrigens nach Ihab Hassan[24] ein Kennzeichen der postmodernen Situation, in der Braun seinen Text entstehen ließ.

Volker Braun hat sein Stück anders als Goethe jedoch nicht zu Wachstuch verpflichtet, um es seiner Lebenswelt vorzuenthalten. Braun hat seinen der Mitwelt ausgeliefert einschließlich des Autogramms, das in den ersten monologischen Dialogen eingeschrieben ist. „LANG LEBE … DAS VOLK/ Ich bin Volker" (I, S. 7) – ein ungewöhnlicher Komparativ, der ebenso unmöglich ist, wie der bekannte Ruf, der die Herrschaft der Einheitspartei beendete: „Wir sind das Volk!"[25] Sprachlich ist das korrekt, es stimmt aber nicht. Oder doch?

---

23 Braun 1990.

24 Hassan 1985, S. 49.

25 Mit diesem Ruf erhob bekanntlich sich das Volk in der DDR gegen die Diktatur der kommunistischen Partei.

Die dicht gedrängten Anspielungen auf Losungen und Parolen, Kampfgesänge und Schlachtrufe, die in der ersten Szene des Stückes ineinandergelegt wurden, zeigen den Bruch alter und neuer Sprache an. Genau zitiert beginnt das Drama so:

> „Halt. Wer da. Nein, antworte du mir./
> Wie ist die Losung. Was für eine Losung. /
> LANG LEBE und so weiter. Und verrecke /
> Die Losung hab ich verlernt. DAS VOLK /
> Ich bin Volker." (ebd.)

Der Beginn der Szene, die unter der Überschrift „Spiegelzelt" dialogisch bezeichnet ist, scheint auf eine militärische Postenkontrolle hinzuweisen. Die war an der Tag und Nacht bewachten Mauer durch Deutschland bis zu deren Fall der Normalfall. Mit der Bewachung war die Bevölkerung der DDR durch die sowjetische Besatzungsmacht und später durch die von ihr eingesetzte deutsche Bruderpartei kolonisiert worden. Mit dem Satzanfang „LANG LEBE" (ebd.) wurden zu festlichen Paraden wie dem ersten Mai oder dem Tag der Republik die Aufmärsche des Volkes und des Militärs Jubelszenen inszeniert. Zum Beispiel hieß eine der Losungen zum ersten Mai und darauf spielt Braun mit seinem Text fragmentarisch an: „Lang lebe die Sozialistische Einheitspartei Deutschlands!"[26] Es wäre jetzt einfach zu behaupten, aha, Volker Braun hat einen Schlüsseltext verfasst, der mit der Szene „Spiegelzelt" auf die Wende in der DDR abzielt. Brauns Texte sind aber noch in weiterer Hinsicht aufgeladen und man kann sagen übersemantisiert. Das Drama besteht aus einem Material, das in seiner Polyvalenz eher an lyrische Texte denken lässt. Dass es sich bei diesem Dramentext, der in drei von vier Akten in Gestalt eines „Großgedichts" präsentiert wird und das auf die Zuschreibung des Textes an dramatische Figuren durchweg verzichtet, erinnert zugleich auch an einen „Bewusstseinsstrom", der bekanntlich eine epische Erzählform ist. Dass es sich in diesem lyrisch-epischen Universum um gebrochene Verse handelt, muss hier am Rande bemerkt werden, da dieser Bruch im Vers den Bruch der allgemeinen Verhältnisse bildhaft zum Ausdruck bringt.

Zusätzlich ist diesem Anfang im „Spiegelzelt" eine Analogie zu einem der berühmtesten Dramen der Weltliteratur beigemischt, das mit einem gebrochenen Charakter als zentraler Hauptgestalt versehen ist: Shakespeares „Hamlet". Durch Brauns Sequenzen scheint die Hamlet-Übersetzung von Dorothea Tieck hindurch, die mit den Versalien „DU KOMMST GEWISSENHAFT AUF DEINE STUNDE" (Ebd.) nahezu wortwörtlich zitiert ist. Überschrieben ist die Szene mit einer weiteren dialogischen Struktur, die Volker Braun den Anfangsszenen

---

26 Vgl. Eik 2010.

aus Heiner Müllers „Hamletmaschine“[27] entliehen hat und im ersten Dialog „Die Nacht der langen Messer“ der Szenenfolge „Die Schlacht“[28] ebenfalls aus Müllers Werkstatt kommt. Die mit „du“ angesprochene Person ist dort ein Brüderpaar, das eine Begegnung während des Faschismus wiedergibt, die den einen Bruder bei den Kommunisten, den anderen bei den Nazis verortet. Die Anspielung bei Braun vollzieht sich übergangslos:

> „DU KOMMST GEWISSENHAFT AUF DEINE STUNDE /
> Gewiß, aus der Haft ... Abgesessen /
> Hab ich meine Zeit in meinem Lande. /
> Wie ich, Genosse. In der Sitzung.“ (I, S. 7)

Die Szene beschreibt eine Gefängnis-Situation, die zugleich gedoppelt erscheint als Zeit in der Haft und als Zeit in den endlosen Sitzungen, die die Partei der Bevölkerung abverlangte. Beide Gefängnisse dienten der Disziplinierung und setzen den Machtanspruch der Partei durch. Der Autor und ehemalige Genosse Volker Braun verweist auf seine Haftstrafe, die sich einerseits „Am Trog der Treue“ (ebd.), andererseits „Am Strick des Staats“ (ebd.) über die im „Spiegelzelt“ Befindlichen verhängt war. Fragt man sich, wer diese Sentenzen zu wem spricht, so ergeben sich auch hier wieder mehrere Möglichkeiten. Die Rede ist von einem „Bruder“ (ebd.) bzw. von „Bruder oder Schwester“ (I, S. 8), von „Elektra“ (ebd.) und einige Verse später von „OREST“ (ebd.). Der wird begrüßt mit „HEIL OREST“, was aus heutiger Sicht keine nur altertümliche Begrüßung vorstellt, vielmehr erinnert in makabrer Weise an den Hitlergruß der Deutschen. Möglicherweise steht dieser Gruß auch in Majuskeln und ragt somit wie einige andere Textteile aus dem Textbild des ersten Aktes heraus. Evoziert wird so eine Vorgeschichte, die in der Orestie beginnt und als Mord bis in die jüngste europäische Geschichte reicht.

Weiter bemerkenswert ist: Der berichtete „MORD AN AGAMEMNON“ (ebd.) läuft aus der bisherigen Analogiebildung Mauerfall, Froschkönigs Befreiung und Aufhebung der Haftstrafe in Gefängnissen und Sitzungsterror heraus. Es gibt für den angespielten Zeitraum der Gegenwart (Wende in der DDR) eigentlich keine adäquate politische Mordsituation, die die Herrschaft in Land oder Staat zum Einsturz gebracht hat. Die Absetzung Erich Honeckers war eine unblutige Angelegenheit, sein Sturz ein Beschluss des ZK der SED. Eine einheitliche Kohärenz im Sinne einer Übertragbarkeit von den fiktiven Anspielungen auf die Wirklichkeit der DDR lässt sich mit den Versatzstücken im Braunschen Text nicht herstellen. Brauns fragmentarisch angedeutete Geschichte enthebt sich der Bindung an den

27 Vgl. Müller 2001.
28 Ebd. S. 471.

tatsächlichen historischen Verlauf und geht auf andere Fiktionen der Weltliteratur über: „Was für eine Familie MÖRDERVATER / MÖRDERMUTTER MUTTERMÖRDER“ (I, S. 9) bilden bei Braun das Konzept einer spezifischen Familiengeschichte, die von der Politik zerstört wird. Das Personal sowie die Konflikte der „Orestie“ werden aber an eine weitere dramatische Figuration gebunden. Der Ausstieg aus der bisherigen mörderischen Kontinuität von Geschichte, der sich nun formuliert, geht auf Shakespeares wie auf Heiner Müllers „Hamlet“-Versionen zurück. Dort äußert der Hamletdarsteller: „Ich will nicht mehr sterben. Ich will nicht mehr töten“[29], während dieser Zusammenhang in Brauns Stück so gefasst ist: „ich will lieber erschossen werden als schießen“ (I, S. 10) und hebt damit auf die „friedliche Revolution“ in der DDR als ein einmaliges soziales Ereignis ab. Das Verblüffende an der friedlichen Revolution verbindet sich so auf wundersame Weise mit der Utopie des Ausstiegs aus der bisherigen blutigen Rachegeschichte, die dem Hamlet-Stück von jeher zugeordnet worden war. Der politische Mord, der in der „Hamletmaschine“ den stalinistischen Machtpraktiken zuzuordnen war, findet in Brauns Stück keine Entsprechung. Gleichwohl: der friedliche Umsturz verzichtet nicht auf die alten Muster der Gewaltanwendung, wie er von den Brüdern und Schwestern (Orest, Elektra, Iphigenie) praktiziert wird: „Du willst kein Blut / Auf dem Ärmel, aber / Willst Fleisch fressen.“ (I, S. 11). Damit wird auf das alte Dilemma des blutigen Gangs der Geschichte zurück verwiesen. An späterer Stelle enthalten die Szenen auch Morde. Von der Befreiung der Iphigenie, die so friedvoll nicht mehr bejubelt werden kann, wird übergeleitet in eine unmittelbare Katastrophe, die in Versalien herausgehoben ist:

„WAS FÜR GESCHREI AM HAFEN. / EINE
FRAU
SIE HAT IHR KIND AM LEIB ERDRÜCKT
AUS ANGST. /
[…] VOR DEN SOLDATEN. /
NEIN, ZERSCHMETTERT
HAT SIE DAS KINDLEIN, HEISST ES, AN
DER SCHIFFSWAND. /
SIE SPRANG INS WASSER JAUCHZEND
WIE IM RAUSCH
GIERIGER FREIHEIT. / […]
IHR JUBEL SPRANG SPITZ DURCH DIE
BRANDUNG WIE
EIN MESSER“ (I, S. 25f.)

---

29 Ebd., S. 552.

Ohne Interpunktion schließt der zweite Akt und wendet sich dann vom antiken Schauplatz ab um im dritten Akt erneut in bitterer Ironie auf ein mythisches Gelände zu wechseln: „Ravensbrück: KZ und Supermarkt." (I, S. 27 im Original kursiv). Das „MESSER", das Mordinstrument aus der Antike zeigt die Richtung an, auf die es in der jüngsten Gegenwart pervertiert worden ist. Die Topoi „KZ" und „Supermarkt" stehen für zwei Zeitalter in der jüngsten deutschen Geschichte. Auf eine knappe Formulierung gebracht, sind sie in der Diktion Lenins entstellt: „ELEKTRIFIZIERUNG MINUS SOWJETMACHT / Gleich Kapitalismus" (ebd.).[30] Zudem: Die Utopien einer friedlichen und sozialistischen Gesellschaft sind verbraucht, nun dreht sich der Zeitstrahl wieder rückwärts, so dass Antigone ihren toten Bruder im Einkaufswagen durchs KZ (vgl. I, S. 27) schiebt. In einem Planungsspiel zur Ansiedlung von Investoren bei Ravensbrück war tatsächlich erwogen worden auf dem bisherigen Parkplatz der Gedenkstätte des KZs ein Supermarkt zu errichten. Sicherlich dies eine makabre Blüte der Wendezeit, die aber sensibel von Brauns Drama auf ihre historisch-ästhetische Relevanz problematisiert wird.

Bereits im ersten Akt ist die in Versalien hervorgehobene Ambivalenz „DAS IST DER AUGENBLICK: DAS GLÜCK / DAS GRAUEN" (I, S. 9) mit vielfältiger intertextueller Begleitung unterfüttert: In Beethovens Oper „Fidelio", die unter anderem ein Hohelied auf die Freiheit begründete, singt der rachedurstige Schurke Don Pizarro bekanntlich seinen Triumph feiernd: „Ha, welch ein Augenblick! Die Rache will ich kühlen".[31] Das Rachemotiv von Hamlet und der Orestie, das bereits eingeführt ist, wird so noch einmal bemüht, um dem geschichtlichen Moment zu würdigen. Helmut Kohl sprach rückwirkend gern vom „Mantel der Geschichte", den es zu fassen galt, um die deutsche Einheit zu bewerkstelligen – in Brauns Text geht dieser Sequenz dies voraus:

> „Vorbei die Langeweile Griechenlands.
> Das öde Feld belebt sich, meine Seele.
> DAS IST DER AUGENBLICK" (I, S. 9)

In Brauns frühem Stück „Die Kipper" wagte die tatendurstige Hauptgestalt Paul Bauch einst den Satz: „Das ist das langweiligste Land der Erde"[32] auszusprechen. Diese Aussage wurde von Erich Honecker acht Wochen nach der Uraufführung

---

30 Die ursprüngliche Losung Lenins lautete: „Kommunismus – das ist Sowjetmacht plus Elektrifizierung des ganzen Landes." – Rede vom 22. Dezember 1920, In: Lenin: Werke, Bd. 31, S. 513.

31 http://www.aria-database.com/translations/fidelio07_ha.txt

32 Braun 1989, S. 126.

des Stücks auf der 9. Tagung des ZK der SED kritisierend wiederholt. Von der Bühne herab werde verkündet, so referierte Honecker, „die Deutsche Demokratische Republik sei das langweiligste Land der Welt".[33]

Um es noch einmal bezüglich der Rauminszenierung zu verdeutlichen: Braun lässt seine Gestalten scheinbar im Rahmen eines antiken Griechenlands agieren, schlägt intertextuelle Bögen zur Geschichte und Gegenwart in der DDR, die im Abstand von ca. 20 Jahren von der „Langeweile" zur „Belebung" findet. Zugleich ist auch eine Spannung aufgebaut, die über Beethovens Oper zum „Augenblick" des „Glücks" und des „Grauens" gleichermaßen führt. Die Belebung und Befreiung ist damit sehr ambivalent für die beteiligten Akteure. Man muss auch noch einmal an die „chinesische Lösung" erinnern, in der die Demokratiebewegung von den Vertretern der chinesischen kommunistischen Partei auf dem Platz des Himmlischen Friedens mit Panzern brutal zusammengeschossen wurde. Der Augenblick der Freiheit und der Augenblick der Rache fallen in eins, sie sind durch einander ähnliche Personen verantwortet. Gemäßigt kommen für die Entwicklung in der DDR die Bilder von der größten Demonstration am 4. November 1989 ins Gedächtnis. Hier wurde der Moment des Aufbruchs zugleich von Kolonisierten wie von den reformierten Kolonisatoren begangen. Man erinnert sich an die Redner auf der größten Demo des verschwundenen Landes: Christa Wolf und Markus Wolf markieren diese ambivalenten Positionen. Sie sind trotz des gleichen Nachnamens keine Geschwister ....

Auf diese Weise ergeben sich für die Frage des dramatischen Raumes weitreichende Konsequenzen. Der Raum wird durch die handelnden Akteure überhaupt erst konstituiert, durch sie verändert und verwandelt. Was immer ein „Spiegelzelt" ist, – ein Lachkabinett vom Rummel oder eine eigens für dieses Drama erzeugte Anordnung der Selbstbegegnung – der Raum bildet eine transparente Folie zur Errichtung unterschiedlichster Szenen. Aus der antiken Skene treten Figuren, die jeweils mit ihrem Auftreten einen eigenen Raum generieren. Es entstehen plurale Räume, die nicht in euklidischen Fixierungen erstarren und die Umgebung der Figur plastisch determinieren. Vielmehr ist es umgekehrt, die Figuren bewegen sich in Imaginationen, die aus ihrer Vergangenheit heraus, sie umschließen und neue, alte Räume bilden. Diese sind aber unhaltbar und sind in ihrer Tendenz Gefängnisse zu sein, der Freiheit gegenübergestellt. Die Freiheit der Iphigenie ist daher im zweiten Akte folgerichtig ein neues Gefängnis, das von den griechischen Händlern gegen die Taurer aufgerichtet wird. Insbesondere wird die Terminologie

33 Erich Honecker. Bericht zur 9. Tagung des Zentralkomitees der SED. In: Neues Deutschland vom 29.5. 1973, S. 6.

der Sonntagsreden aus dem Kalten Kriegs von den „Brüdern und Schwestern im Osten“ in einen widerspruchsvollen Geschlechterkampf überführt.

In der dritten Szene wird dann dieser Widerspruch weitergeführt durch die Gestalt der Antigone, die ihren toten Bruder im Einkaufswagen durch einen „Warenfriedhof am Rande der Stadt“ (I, S. 27) schiebt. Das „Geländespiel“ – so der Titel dieses Aktes – , das als szenischer Kommentar detailliert in „Ravensbrück: KZ und Supermarkt“ (ebd.) verortet ist, verweist auf jenen Plan in der wahnsinnigen Wende, als so vieles möglich schien. Dass in dieser Szene der Boden nachgibt und eine Unterhöhlung freigibt, die weitere Leichen in den historischen Kellern zum Vorschein kommen lässt, unterstreicht die Tiefe des szenischen Raumes, der hier von Braun inszeniert wird.

Im „Antikensaal“ der wiederum einen Text Friedrich Schillers zitiert, wird ein „Rollfeld, das sich einsam in den Acker streckt“ in Szene gesetzt. Es ist dies die „DURCHGEARBEITETE LANDSCHAFT“ (I, S. 30), die es „HINTER SICH HAT“ (ebd.): Sie ist dem „bodenlosen Satz“[34] – einem Text Volker Brauns aus der Agonie des Sozialismus nahe verwandt. Der Erbauer dieser Landschaft, einst eine Gestalt der lichtvollen Zukunft aus den Aufbautagen, hat sich in ein Denkmal seiner selbst verwandelt – ein Arbeiterdenkmal. Die ehemals kollektivistische Landnahme hat den Kampf gegen die Natur scheinbar gewonnen, sich selbst aber der Lebensgrundlage beraubt. Die letzte „Pinie“ (I, S. 29) steht als ein Mahnmal am Beginn des 4. Aktes bereit, wie der kahle Baum aus „Warten auf Godot“, um die Absurdität dieser Szene zu beglaubigen. Die Machtansprüche des männlichen Protagonisten haben sich gegen ihn selbst gerichtet, sie sind nur noch als tödliche Impulse sichtbar. Es zeigt sich dies in der Geste der Herrschaft über die Frau, sowie schließlich auch in der eigenen Entmannung. Die verzweifelte Hochzeit von Staubatomen und Samen erinnert zwar noch einmal an die Geburt in den antiken Kosmologien – Aphrodite ging aus dem Schaum des Meeres hervor, der wiederum einst vom Samen des entmannten Kronos aufgischtete. Ein Abschaum besonderer Art wird im Braunschen Text von den Schatten des Mannes, der Frau und des Baumes ausgehen: das „auferstehende(s) Mehl“ (I, S. 32), der „Sprengsatz der Strukturen“ (I, S. 33), der „Hunger der Welt, der in die Türen tritt, ein Kinderleib“ (ebd.). Eine Rücknahme der Schöpfung kündigt sich hier an. Aus dem utopischen Befreiungsakt ist eine leere Wüste geworden, die in der Alternative von „Untergang oder Barbarei“ ohnegleichen devastiert.

34 Braun 1990a.

Oliver Pfau
(*Paris*)

Geschichte des Dokumentarischen Theaters und des teatr.doc/Moskau

Die dramatische Ausdrucksform ‚dokumentarisches Theater' geht in Deutschland auf die 60er Jahre zurück (Hochhuth, Weiss). Eine Kunstform, die in besonders lebendigem Bezug zur sie umgebenden Gesellschaft steht, ja allein aus dieser Gesellschaft heraus existiert und diese Gesellschaft mit aktuellen Problemen und realen Konflikten agitierend konfrontiert, setzt einen öffentlichen Raum voraus, in dem diese Konfliktlösungssuche stattfinden kann. Eine Konfliktsituation, realistisch nachgestellt, aber nicht gespielt, soll den Zuschauer in die Lösungssuche implizieren. Vorläufer bzw. Wegbereiter dieser Kunstform werden im ‚politischen Theater' der 20er Jahre gesehen (Brecht, Piscator). Zu Ende des 20. Jahrhunderts schließlich erlebt das ‚dokumentarische Theater' eine Renaissance mit der Einführung neuer Präsentationsformen (z.B. Augenzeugen).

Während diese Kunstform so im deutschsprachigen Raum auf bereits ein halbes Jahrhundert Erfahrung zurückblicken kann, handelt es sich in Russland noch um eine ganz junge Richtung. In der hiesigen Arbeit wollen wir die Einflüsse und Übernahmen aus im Westen bereits etablierten Formen des ‚dokumentarischen Theaters' sowie die Einwirkungen lokaler Traditionen und künstlerischer Elemente näher betrachten. Und wie steht es mit dem öffentlichen Raum in einem historisch, kulturell und ideologisch anderen Gesellschaftsgefüge, im gegebenen Fall in Russland? Ist er vorhanden? Wenn nein, wird er durch das Theater entwickelt?

Und schließlich wollen wir der Frage nachgehen, welche Position und welche Richtung diese Kunstform in der hiesigen, russischen Gesellschaft einnehmen kann oder wird. Handelt es sich um eine unreflektierte Übernahme von Moden und Trends? Oder aber um eine Ausgrenzung durch institutionalisierende Inklusion? Hat diese Kunstform eine Nische in der gegenwärtigen Kulturszene? Oder ist sie eine bloße Zeiterscheinung?

Am Beispiel der Geschichte und Tätigkeit des singulären Moskauer ‚Theater.doc' wollen wir die Erscheinung ‚dokumentarisches Theater' in Russland näher beleuchten und mögliche Antwortwege für die aufgeworfenen Fragen eröffnen.

Die dramatische Ausdrucksform ‚dokumentarisches Theater' geht in Deutschland auf die 60er Jahre zurück (R. Hochhuth, H. Kipphardt, P. Weiss). Eine Kunstform, die in unmittelbar lebendigem Bezug zur sie umgebenden Gesellschaft steht, ja allein aus dieser Gesellschaft heraus existiert und diese Gesellschaft mit aktuellen Problemen und realen Konflikten in szenischer Form konfrontiert, setzt einen öffentlichen Raum voraus, in dem diese Konfliktpräsentation und

-reflexion stattfinden kann. Eine Konfliktsituation, realistisch nachgestellt, aber nicht gespielt, soll den Zuschauer in die Lösungssuche implizieren. Vorläufer bzw. Wegbereiter dieser Kunstform werden im ‚politischen Theater' der 20er Jahre gesehen (B. Brecht, E. Piscator). Zu Ende des 20. Jahrhunderts schließlich erlebt das ‚dokumentarische Theater' eine Renaissance mit der Einführung neuer Präsentationsformen (z.B. Einsatz von ready-made-Darstellern und Augenzeugen in der dokumentarischen Theaterform der Gruppe Rimini-Protokoll).

Während diese Kunstform so im deutschsprachigen Raum auf bereits ein halbes Jahrhundert Erfahrung zurückblicken kann, handelt es sich in Russland noch um eine ganz junge Richtung. Zwar lassen sich auch hier Vorläufer anführen wie die auf Tatsachen und Dokumenten basierenden Dramen von Leo Tolstoi oder die hochsoziale Dramatik Maxim Gorkis und die Realitätssuche in der Rekonstitution bei Stanislawski, die eigentliche Ausformung des politisch engagierten dokumentarischen Theaters mit der ihm eigenen Verbatim-Technik[1] beginnt in Russland allerdings erst am Vorabend dieses Jahrtausends.

Als konkrete Geburtsstunde des dokumentarischen Theaters in Russland darf wohl der Besuch der Theatergruppe des englischen Royal Court Theaters zu einem Arbeitsseminar im Herbst 1999 in Moskau gesehen werden. Bei diesem Seminar wurden die russischen Theaterschaffenden erstmals mit dem Konzept des Interviews als ausschließlichem Textmaterial vertraut gemacht (*verbatim*) ebenso wie mit einer neuen Palette von Themen und Fokussierungen. In den Mittelpunkt der Aufmerksamkeit rückte auf sprachlicher Ebene das Wort vor die Aussage selbst, das Wie vor das Was, auf thematischer Ebene erschienen die Randzonen der Gesellschaft (Kriminelle, Arbeitslose, Kranke, Soldaten, etc.) und soziale Spannungsbereiche (ethnische Konflikte, Minderheiten, Rassismus, Sexualität, etc.). Das erste Theater, das die neue Verbatim-Technik aufgriff, war das Theater „Lozha" (театр Ложа) aus dem fernen Kemerowo, das auf Interviews mit Schachtarbeitern im Kusbass basierte. Das Theater „Baby" (театр Бабы) aus Tscheljabinsk brachte in seinen „Soldatenbriefen" (солдатские письма) das Schicksal junger Rekruten aus dem Tschetschenienkrieg in Form von Briefen der Soldatenmütter auf die Bühne. Beide Stücke wurden 2002 nach England eingeladen und dort im *Royal Court Theatre* präsentiert.

---

1 verbatim – lat.: *wörtlich*. Dieser Begriff als Fachausdruck der Theatersprache wurde im angelsächsischen Raum geprägt. Er bezeichnet die Art der Textproduktion. Der von den Darstellern auf der Bühne gesprochene Text ist nicht das geistige Produkt eines Autors, sondern die wörtliche und nicht modifizierte Umschrift der Aussagen von zu dem behandelten Thema interviewten Personen.

Im gleichen Jahr 2002, im Februar, wurde mit in- und ausländischer finanzieller Unterstützung in Moskau eine feste Unterkunft für diese Theaterform eingerichtet, das teatr.doc (Театр.doc), ein kleiner Keller für etwa 40 Zuschauer im Zentrum der Stadt. Diese Einrichtung zeigte eine erstaunlich hohe Dynamik mit zwei bis drei Premieren pro Monat und regem Besucherandrang.

Besonders zu Beginn der Entwicklung des Dokumentarischen Theaters wurde der neuen Kunstform die dominierende Faszination für extrem marginale Zonen, den sogenannten Abschaum der Gesellschaft, besonders anstößige Probleme und sprachlich extrem niedrige Ausdrucksform zum Vorwurf gemacht. Die große Bandbreite der behandelten Themen zeigt allerdings deutlich, dass das Anliegen der „Autoren" nicht die Suche nach schockierendem Schundmaterial ist, sondern die Beleuchtung von Gruppen der Gesellschaft, die aufgrund ihrer beruflichen Tätigkeit (Minenarbeiter, Soldaten, Fabrikarbeiter), ihrer sozialen Lage (Arbeitslose, Obdachlose, Kriminelle) oder ihrer Sexualität (Homosexuelle, Inzest, Opfer von Sexualdelikten) sich in stumme Randzonen gedrängt finden, also eine Art von Subkultur bilden. Das dokumentarische Theater mit seiner Verbatim-Technik verleiht diesen stummen Teilen der Gesellschaft Stimme und somit Präsenz in dieser Gesellschaft. Das Theater erweitert somit seinen Raum, indem es sich einem weiteren Teil der Gesellschaft öffnet oder vielmehr diesen Teil/diese Teile in seinen Raum aufnimmt.

Gespielte Realität versus reales Spiel: Akteur – Figur

Wiederholt trifft man, auch in wissenschaftlichen Artikeln zum teatr.doc, auf die Bemerkung, diese Form der szenischen Präsentation sei keineswegs neu[2], bereits Stanislawski habe sich mit seinen Schauspielern unter das Volk begeben, um dort durch Beobachten zu lernen, wie Sprache und Verhalten möglichst realistisch zu spielen, auf der Bühne zu inkarnieren seien. Der Schauspieler sollte die von ihm gespielte Rolle gleichsam innerlich fühlen, sie aus sich heraus spielen, in ihr aufgehen. Der Darsteller wird somit eins mit der von ihm dargestellten Figur.

Im dokumentarischen Verbatim-Theater des teatr.doc liegt jedoch das Ziel nicht in einem Aufgehen des Darstellers in seiner Rolle. Zwar geht es um die Präsentation der Realität bzw. um den Versuch einer solchen Präsentation, aber die Inkarnation geschieht in gleichsam umgekehrter Richtung. Nicht der Darsteller versucht in seine Rolle zu schlüpfen und mit ihr zu verschmelzen, sondern der Sprecher wird durch das Sprechen des Textes, der in seiner absoluten Authentizität

2 Matvienko 2010.

diese Realität selbst ist, zum Darsteller, also zum Schauspieler. Dadurch, dass dieses Ich seine Geschichte erzählt und dabei vom Publikum gehört und gesehen wird, verwandelt es sich in einen Akteur und die von ihm erzählte Geschichte in Text. Der Raum, in dem dieser Text realisiert wird, der Bühnenraum, wird zum Raum der Realität, die hier durch die Präsentation nicht mehr unfassbar und flüchtig, sondern fixiert und reproduziert sich selbst zeigt, also theatralisiert.

Von grundlegender Bedeutung in dieser neuen Form des dokumentarischen Theaters ist hierbei die absolute Unberührtheit des in Interviews aufgezeichneten Materials. Die Interview-Aufzeichnungen werden auch mit dem Prozess des Scannens der Redewirklichkeit verglichen. Ob nun dieses Sprachmaterial von Schauspielern präsentiert wird, oder, wie z.B. in den Gestaltungsformen des Rimini-Protokolls, von Laien, ready-made-Darstellern oder den ursprünglichen Trägern des Textes selbst[3], ist dabei wohl von untergeordneter Bedeutung. In beiden Fällen ist die Unmittelbarkeit, die absolute Spontaneität der Textproduktion bereits durch den Rahmen der Präsentation auf der Bühne gebrochen. Auch entsteht die Frage, ob der Zuschauer die Identität des Sprechers zu kennen und zu erkennen vermag.[4] Insofern der gesprochene Text selbst authentisch ist, wird der Sprecher des Textes zum bloßen Hörbarmacher, zum Fixator flüchtiger, nicht für die Reproduktion gesprochener Worte.

Die Sprache, das gesprochene Material, ist in seiner unverfälschten Ursprünglichkeit also eine Realität, die vom Sprecher auf der Bühne nur reproduziert und für den Zuschauer produziert wird. Der Sprecher auf der Bühne, traditionell als Schauspieler bezeichnet, ist Träger dieser Realität, die von ihm aus dem äußeren Raum in die Wirklichkeit der Bühne hineingetragen wird, wobei er diese Realität nicht imitiert, durch möglichst glaubhafte Nachahmung, sondern produziert durch bloße Präsentation des Textes selbst. Der Sprecher lässt diese Realität sichtbar werden, er realisiert sie. Der Zuschauer bzw. Hörer wird weniger mit der Figur des Sprechers als vielmehr mit dem Gesprochenen direkt konfrontiert.

Nicht zufällig scheint es somit, dass das dokumentarische Theater keinen oder kaum Wert auf Dekoration und Kostüme legt. Der Präsentator des Textes, der Sprecher, realisiert durch den Text die reale Situation und der Zuschauer sieht nicht den Sprecher als Inkarnation einer Figur, sondern als Vertreter und Verbalisierer einer wirklichen Situation.

3 Burgtheater/Wien 2013: Matthias Hartmann und Doron Rabinovici, *Die letzten Zeugen*.
4 Rimini-Protokoll, *Call Cutta*: Telefonate mit unbekanntem Gegenüber (2005).

Raum : Figur und Betrachter

Zwischen Zuschauer/Betrachter/Hörer einerseits und der sprechenden sichtbaren Gestalt auf der Bühne bzw. dem gehörten Text andererseits entwickelt sich so eine mehrfache Spannung.

Ist das Sprechen auf der Bühne nicht Spiel sondern Realität, so wird der Betrachter als Zeuge dieser Realität ebenfalls in sie hineingezogen. Gibt es auf der Bühne keinen Raum für Illusion, so ist auch dem Zuschauer die Illusion eines temporären Austretens aus der Zeit und Eintreten in den Raum eines Spiels verwehrt. Wiederholt bemerken Gegner des dokumentarischen Theaters, dass es keine dramatische Form sei, da ihm das konstitutive Element der Handlung fehle. Aber ist dieses Element tatsächlich abwesend oder ist es nur verlagert?

Wenn wir Handlung als dynamische Entwicklung des auf der Bühne Geschehenden begreifen, so dürfte sich diese hier wohl zum einen innerhalb der auftretenden Sprecher selbst erblicken lassen. Ein Spezifikum des dokumentarischen Theaters ist die Richtung, in die der Konflikt ausgerichtet ist. Während im Autorentheater dieser Konflikt horizontal verläuft, nämlich zwischen den agierenden Figuren, ist er im hiesigen Theater vertikal, also innerhalb der Figur in der moralischen Spannung und zum anderen zwischen Figur-Individuum und Gesellschaft-Sozium. In dieser doppelten Spannungsbeziehung sieht S. Novikova ein besonderes Charakteristikum der russischen Ausführung, die „zurückführt auf die alte russische Tradition der Schuld der Gesellschaft vor dem Einzelnen und des Einzelnen vor sich selbst (Peredwischniki, Sozialdramen von Gorki)“.[5]

Zum anderen entwickelt sich gerade eben in der scheinbaren Abwesenheit einer konventionellen dramatischen Handlung eine Spannung zwischen Sprecher und Hörer. Wird der Betrachter durch die Konfrontation mit der Realität zur Reaktion und seinerseits zur Kommunikation provoziert? Wiederholt sich die Inszenierung der Realität auf der Seite des hörenden Zuschauers? Der Zuschauer wird durch die vorgetragenen Texte nicht als Gesprächspartner, sondern als Zeuge unmittelbar angesprochen. Er wird zu einer Stellungnahme aufgefordert. Der Raum der Bühne ist zum einen vom Zuschauer abgetrennt, insofern als die Sprecher ihre Texte vortragen, ohne explizite Reaktionen von der Zuschauerseite zu fordern. Zum anderen ist der Zuschauer in den Bühnenraum einbezogen, da es sich in der Präsentation um gemeinsame Realität handelt, die Zuschauer und Sprecher teilen. Der Zuschauer wird durch seine rezeptive Präsenz zum Komplizen der sprechenden Person. Das dokumentarische Theater hat somit zugleich die traditionelle Form der vom Zuschauer getrennten, gesehenen Bühne und die

---

5 Novikova 2003, S. 14ff.

moderne Form der Raumöffnung und Trennungsüberwindung in der Annullierung illusionären Spiels.

teatr.doc heute

Wie jung und spannungsgeladen die Erscheinung des dokumentarischen Theaters in Russland ist, zeigen die jüngsten Ereignisse. Im Oktober des Jahres 2014 wurden die Räumlichkeiten des teatr.doc in Moskau plötzlich und unter zweifelhaften Vorwänden dem Theater entzogen.[6] Schauspieler und Regisseure standen so unvermittelt auf der Straße. Eine Institution war aus der Kulturszene der Stadt und des Landes gestrichen worden. Anfang 2015 hat das Theater allerdings eine neue Bühne erhalten, die am 26. Februar mit einer neuen Premiere eröffnet wurde: „Die verrückte Reise nach den heiligen Gaben" („Безумное путешествие за святыми дарами"), ein Stück, das die Geschichte der Altgläubigen, einer religiösen Randgruppe in Russland, beleuchtet. Die Regisseurin Elena Gremina führt zurück in die ferne Vergangenheit, ins 17. Jahrhundert, in die Zeit Avvakums und der Abspaltung einer orthodoxen Gruppe von der Hauptkirche. Die Handlung beruht auf Berichten und Erklärungen von Reiseführern und auf historischen Textdokumenten, die zu einem großen Teil in altrussischer Sprache (ohne Untertitel) auf der Bühne erklingen und das Stück somit zweisprachig machen.

Politisch explosiv ist das bereits 2012 angelaufene Stück „Berlusputin", von der Regisseurin Barbara Faer nach Texten von Dario Fo gebildet („L'anomalo bicefalo"). In der Ankündigung des Theaters wird es als „scharfe politische Satire in der Tradition des italienischen Gauklerspiels" vorgestellt.[7]

Zu einem sozialpsychologischen Thema schreibt Elena Isaeva ihr „Ich habe Angst zu lieben", das auf Gesprächen mit Personen basiert, die eine unglückliche Liebesbeziehung aus der Bahn geworfen hat.[8]

Eine neue brisante Peripetie erlebt das teatr.doc in der unmittelbaren Gegenwart. Anfang April 2015 wurde eine geplante Aufführung eines Stücks in Pskow vorläufig abgesetzt bzw. ohne Datum verschoben.[9] Einige Schauspieler des geplanten Stücks „Saunagäste" („банщики") unter der Regie von Barbara Faer reichten nach mehrmonatiger intensiver Vorbereitungsarbeit plötzlich beim Kulturminister ein Klageschreiben ein, in dem sie erklären, das Stück aus moralischen und ästhetischen Gründen in der gegebenen Form nicht spielen zu können.

---

6 Strelnikova, 19.10.2014.

7 Vedomosti, 27.02.2012.

8 tv.kultura, novosti, 11.01.2010.

9 Radio Svoboda, 18.04.2015; Tokareva,17.04.2015.

Im Streit zwischen den Parteien taucht die gesamte Bandbreite der an der Kunstform „Dokumentarisches Theater in Verbatim-Technik“ geübten, mehr oder weniger sachlichen Kritik auf: Fehlen der Handlung, Faszination für den Abschaum der Gesellschaft, exhibitionistische Zurschaustellung unsittlicher Intimitäten, übertriebene Schwarzmalerei, unflätige Sprache, Mangel an künstlerischem Potential.

Ist das dokumentarische Theater nun eine neue Form dramatischer Kunst oder nur eine temporäre Erscheinung auf der Suche nach neuen Wegen? Der Regisseur Michael Ugarov, Adept des dokumentarischen Theaters und Regisseur, Dramaturg und Szenarist am teatr.doc/Moskau gibt sich bescheiden, aber doch zuversichtlich. „Mag sein, dass dieser Form nur ein vorübergehendes Dasein zuteilwird, in seinem kruden Realitätsspiel hat diese Theaterform allerdings einen großen Schritt in Richtung Wahrheit auf die Bühne gebracht.“[10]

10 Сольцева 2012, S. 10–17.

Marta Famula
(*Paderborn*)

Eine Busfahrt in die Abgründe der Religiosität. Raum und Bewegung in Lukas Bärfuss' Drama *Der Bus (Das Zeug einer Heiligen)*

„Es ist das Wesen dieser Zeit, daß nichts,
was wirkliche Gewalt hat über die Menschen,
sich metaphorisch nach außen ausspricht,
sondern alles ins Innere genommen ist […].“[1]

In Lukas Bärfuss' 2005 am Thalia Theater uraufgeführtem Stück *Der Bus. Das Zeug einer Heiligen* dreht sich die Handlung um einen Reisebus, der eine Reisegesellschaft mitsamt einer blinden Passagierin ins Gebirge zu bringen hat. Gerade dieser mobile Raum, der Merkmale von Michel Foucaults frühem Begriff der „Heterotopie“ (1967/68) aufweist, scheint eine besonders adäquate Form der Reflexion existenziell wie ethisch ausgerichteter Aspekte des Zusammenlebens darzustellen. Mythologisch wie religiös aufgeladen, bringt die räumliche Konstellation gesellschaftliche und psychologische Strukturen hervor, die sich einerseits in die Traditionslinie von Sebastian Brants *Narrenschiff*-Topos einreihen und in linearen sowie kausalen Strukturen Aspekte von Autonomie und Konformität, Wertekonstellationen und Verrücktheit im gesellschaftlichen Zusammenleben durchspielen, andererseits Fragen individueller Lebensbewältigung als einen „Trip ins Innere“ (Marshall McLuhan) in der räumlichen und dynamischen Dimension der Bühne umzusetzen suchen.

Der Vortrag widmet sich in erster Linie der dramatischen Konzeption des mobilen Raums, wobei Möglichkeiten und Grenzen der Bühnenumsetzung an kurzen Auszügen der Basler Inszenierung in die Analyse einbezogen werden sollen.

1. Existenz- und Glaubensfragen im Drama des 21. Jahrhunderts

Als das Schauspiel *Der Bus (Das Zeug einer Heiligen)*[2] des Schweizer Dramatikers Lukas Bärfuss 2005 mit dem Mülheimer Dramatikerpreis ausgezeichnet wurde, schien ein neuer Akzent in der gegenwärtigen Dramenlandschaft des deutschsprachigen Theaters markiert. Legt er doch darin den Fokus auf Belange individueller

1 Hofmannsthal 2009, S. 129.
2 Bärfuss 2010, S. 129–217.

Religiosität, die im Kontext kultureller und geistiger Parameter des 21. Jahrhunderts ihre Relevanz einfordern und zugleich ein Anliegen verkörpern, das seit dem Aufkommen des bürgerlichen Theaters im 18. Jahrhundert auf deutschsprachigen Bühnen in dieser Form gemieden wurde.[3] Den Ideen der Aufklärung im Sinne Gottscheds und Lessings Rechnung tragend, zog das dramatische Repertoire der letzten Jahrhunderte gesellschaftlich-politische Anliegen weltlicher Moral und Ethik den Bereichen geistlicher Spiritualität vor, die in diesem Kontext als geistige Qualitäten auf dem Fundament der Vernunft diskutiert wurden.[4] Bereits mit der Wahl des Themas scheint Bärfuss hinter diese Entwicklung zurückzugreifen: Das Stück stellt die Reise einer jungen Christin an den polnischen Pilgerort Tschenstochau dar und übergeht dabei jede Form sozialkritischer Problematik. Der Zuschauer erfährt ebenso wenig über ihr soziales und persönliches Umfeld wie über jenes der übrigen Figuren. Vielmehr spielt sich die durchaus lineare Handlung des Stücks auf der Logik der Reise ab, die nicht nur als eine räumliche, sondern in erster Linie als eine geistlich-religiöse lesbar ist.

In diesem Moment der räumlichen Bewegung scheint das Drama an die voraufklärerischen Muster des geistlichen Theaters des Mittelalters anzuknüpfen, die weniger aus der ohnehin bekannten neutestamentlichen Handlung als vielmehr aus dem unmittelbar als spirituell erlebten Raum und der darin vollzogenen

---

3 Gemeint ist dabei das individuelle Erleben religiöser Spiritualität im Gegensatz zur Religiosität als einer ethischen Größe innerhalb des gesellschaftlichen Miteinanders, wie sie in den Dramen des 18. Jahrhunderts, etwa in jenen Friedrich Schillers, von zentraler Bedeutung ist. Seit einigen Jahren ist indessen ein zunehmendes Interesse für Belange religiöser Spiritualität am Theater zu beobachten; die Gründe hierfür reichen von der Auseinandersetzung mit dem religiösen Fundamentalismus bis hin zu einer generellen Hinwendung zu existenziellen Fragen angesichts des nihilistisch und relativistisch geprägten Denkens in Zeiten der (Post)Moderne. Vgl. etwa Kelting 2009, S. 152–154 und Keim 2007, S. 86.

4 Als ein zentrales Beispiel ist hier auf die Ringparabel in G. E. Lessings dramatischem Gedicht *Nathan der Weise* zu verweisen, wo ethische Belange als ein Anliegen der Vernunft begriffen werden. Vgl. Kelting 2009, S. 152f. Einerseits hatten sich religiöse Instanzen, allen voran die Kirchen, dem Vorwurf der Machtausrichtung, der Bereicherung, der Vetternwirtschaft etc. zu stellen, andererseits – und zugleich mit diesem Vorwurf einhergehend – waren seit der Frühen Neuzeit Tendenzen zur Abwendung von kollektiver Kontemplation hin zur individuell erlebten Religiosität zu beobachten, die eine direkte unmittelbare und persönliche Verbindung zu Gott anstrebte und die Kirche als eine eigennützige und auf das eigene Wohl bedachte Zwischeninstanz in Frage stellte. Vgl. hierzu James 1979, S. 448–473.

Bewegung leben.[5] Diesem Versuch, spirituelle Erfüllung durch räumliche Bewegung dramatisch zu visualisieren, will die folgende Untersuchung im Stück Lukas Bärfuss' nachgehen, wobei vor allem das Verhältnis zwischen der postmodernen Unverfügbarkeit religiöser Sicherheiten und deren räumlicher Dramatisierung von Interesse sein soll.

Mit der Fokussierung des individuellen Erlebens der Religiosität jenseits ihrer gesellschaftlichen Relevanz stellt das Drama das Bedürfnis nach spiritueller Erfahrung und Sinn tragender Verbindlichkeit als ein existenzielles Anliegen zur Diskussion, das angesichts der postmodernen Realität verstärkt nach dramatischen Ausdrucksformen zu suchen scheint. Damit reagiert es auf die vielfach in den theoretischen Debatten artikulierten Phänomene der Unverbindlichkeit und des Relativismus in der Postmoderne, die eine zentrale Herausforderung an das Gegenwartstheater darstellen, in diesem Sinne konstatiert etwa der Literaturwissenschaftler und Dramaturg Peter-Jakob Kelting: „Im Zentrum des zeitgenössischen Dramas stehen Menschen in existenziellen Notsituationen ohne Aussicht auf eine Lösung ihrer inneren und äusseren Konflikte."[6] Bärfuss' Dramaturgie, die gerade jene inneren Konflikte in der menschlichen Existenz zum Gegenstand macht,

---

5 Entscheidend ist dabei die Verwandtschaft zur prozessionalen Bewegungsform im frühen geistlichen Drama des Mittelalters, auf die Thomas Kirchner wie folgt hinweist: „Alle frühen liturgisch gebundenen, quasidramatischen Manifestationen vollziehen sich als Teil, bzw. in der Form einer Prozession. Gerade auch hierdurch stehen sie im festen Zusammenhang mit der Liturgie: die Prozessionsform verweist darauf, daß sie selbst ein Stück liturgischen Handelns sind und nicht dramatische Schaustellung. […] Es fällt auf, daß die meisten quasidramatischen liturgischen Zeremonien mit Geschehnisvorlagen verknüpft sind, für die im eigenen inhaltlichen Kontext das Zurücklegen einer Wegstrecke und die Ankunft an einem Ziel schon bestimmend sind. Die Visitatio Sepulchri ist verknüpft mit dem Gang der Marien zum Grabe; das Officium Pastorum – auch im textlichen Sinne kompositorisches Gegenstück zur Visitatio Sepulchri – mit dem Gang der Hirten zur Krippe; das Officium Stellae setzt die Reise der drei Magier nach Bethlehem in Szene; der Descenusus ad Inferos verbildlicht Christi Abstieg in die Vorhölle; eine deutliche Bevorzugung von Geschehnisvorlagen, für die das Zurücklegen einer Wegstrecke zentraler Inhalt ist, läßt sich auch auf allen Stufen entfalteter Stücke erkennen." Kirchner 1985, S. 25f. Auch Simhandl skizziert die Entwicklung des Mysterienspiels von einer strikten Visualisierung der Liturgie hin zur Erweiterung der Stoffe im Hinblick auf individuelle Heilsgeschichten im Kontext der Auflösung des Ordo-Gedankens und der Erstarkung individueller Religiosität im Zuge des Spätmittelalters, die sich nicht zuletzt im dramatischen Raum spiegelt, welcher im Laufe der Jahrhunderte aus dem Kircheninneren nach außen transponiert wird. Vgl. Simhandl 2014, S. 54–60.

6 Kelting 2009, S. 153.

greift über die auf der Handlungsebene ausgetragenen Probleme hinaus – so die weitere These des vorliegenden Beitrages – auf dramatische Mittel des voraufklärerischen Theaters zurück, in denen vor allem die heilsgeschichtliche Kodierung des Raumes und der Fortbewegung darin von entscheidender dramaturgischer Bedeutung sind.[7]

Bereits die Zusammenstellung des Titels *Der Bus* mit dem Untertitel *(Das Zeug einer Heiligen)* hebt die zwei Momente der Bewegung hervor: ein räumliches und ein geistliches. Mit dem Motiv des Busses und seiner Funktion, Menschen im Raum von einem Ort an einen anderen zu befördern, trifft ein konkret räumliches Phänomen auf die Dimension abstrakter Bewegung in der potentiellen Möglichkeit, also etwa dazu, das „Zeug (zu) einer Heiligen" zu haben. Ähnlich ließe sich der Nachsatz auch im Sinne des darin durchscheinenden existenzialistischen Vokabulars Martin Heideggers lesen, in dem das „Zeug" als das Moment des „Zuhandenen"[8], also als ein „um zu" begriffen wird, das nur „angesichts eines vorhanden seienden Grundes" überhaupt in Erscheinung tritt.[9] Damit verbindet der Titel das spirituelle Streben, eine Heilige zu sein – Erikas Reise folgt einem expliziten Auftrag Gottes – mit dem räumlich mechanischen Weg, der an ein lokalisierbares Ziel führt.

Innerhalb einer derart semantisch aufgeladenen Räumlichkeit entwickelt das Stück nun die Frage nach den Wegen und Möglichkeiten religiöser Spiritualität in der Lebenswirklichkeit des 21. Jahrhunderts. Die Handlung entspinnt sich aus dem Moment der (Irr)Fahrt, in der zwei Heilsanliegen durch- und ineinander geraten: Die Christin Erika verirrt sich auf ihrer Pilgerreise in das polnische

---

7 Vgl. Simhandl 2014, S. 56–58. Ähnliche Beobachtungen finden sich auch aus historischer Perspektive, etwa bei Richard van Dülmen (2001), oder aus psychologisch-philosophischer Perspektive, wie sie von William James eingenommen wird, vgl. James 1979.

8 Heidegger 1993, S. 68.

9 Auf die weltlich-existenzialphilosophische Dimension des Textes verweist ausführlich Katharina Keim, in ihrem Text heißt es: „Glaube und Religiöses, als das ‚*Zeug*' *einer Heiligen*, werden also von Bärfuss ihres transzendentalen Charakters entkleidet und in den Rang des weltlich Da-Seienden erhoben. Sie werden als alltagsweltliche Phänomene jenseits der puren Vorhandenheit, wie sie etwa dem Menschen in der von ihm noch unentdeckten Nachturmacht aufscheinen kann, angesehen." Vgl. Keim 2007, S. 89. Diese Schlussfolgerung geht die folgende Untersuchung nur bedingt mit, vielmehr scheint mir gerade in dem Moment der *Ausrichtung auf etwas* ein genuin sakrales Moment der Konzentration auf ein religiöses Heil vergegenständlich zu sein. Zweifelsohne steht jedoch das Alltagsweltliche an Stelle des Religiösen am Ziel von Erikas Reise, was die fehlgeleitete Interpretation des spirituell-religiösen Weges desto stärker zu Ausdruck bringt. Vgl. Keim 2007, S. 89–92.

Tschenstochau in einen Reisebus, der eine Gruppe erschöpfter, nach körperlicher und geistiger Heilung suchender Atheisten in ein Kurhotel in den Bergen bringen soll. Sie hat von einem Engel – so sagt sie – den Auftrag erhalten, am Tag der Heiligen Sophie, also am 15. Mai, nach Tschenstochau zur Schwarzen Madonna zu pilgern, um ein Unglück von der Menschheit abzuwenden.[10] Um die Fahrt zu finanzieren, hat sie in der Nacht davor bis in die frühen Morgenstunden in einer Bar gearbeitet, hat dann am Busbahnhof im Dunkel der Nacht die Busse verwechselt und ist versehentlich in den falschen eingestiegen. Mit der weltlich orientierten Reisegesellschaft, an deren Spitze der Busfahrer Hermann als das Movens der Fahrt die Richtung vorgibt, stellt das Stück nach und nach das komplexe Verhältnis zwischen dem auf das Jenseits ausgerichteten spirituellen Streben Erikas und einer nach Ruhe und Heilung im irdischen Diesseits ausgerichteten Suche der Kurhotelgäste dar. Der hölzernen Madonnen-Figur, die als Ziel am Ende von Erikas Reise steht, stellt Hermann – von dem es heißt, „der Fahrer fährt ja wie der Teufel"[11] – einen selbst geschnitzten Fetisch entgegen, dem er seinen eigenen Namen gibt und mit dem er seine Brutalität Erika gegenüber legitimiert, bis er am Ende – eine fragwürdige Form der Religiosität beteuernd – den Reisebus mit den Kurhotelgästen in den Tod lenkt. Seine genuin egozentrische und irdisch profane Interpretation nimmt also Züge religiöser Spiritualität an, die einem mehrfachen Mord gleichkommt. Erika vergisst indessen über ihrer Zuneigung zu Anton, dem idealistisch veranlagten Tankwart einer Rapsdieseltankstelle, beinahe ihren Auftrag, gelangt jedoch schließlich doch noch an ihr Ziel. Allerdings ist dieses einen Tag zu spät nur noch ein desillusionierendes Abbild des profanen Materialismus. Ihr spirituell-geistliches Anliegen mündet damit im Banal-Profanen. Beide Ziele laufen somit nach einer Ablenkung durch das Andere ins Leere: Die Reise der Kurhotelgäste endet durch den sich als bekehrt gebenden Fahrer im Tod, während Erikas spirituelle Reise in der Trostlosigkeit der irdischen Realität ankommt.

Die dramatische Darstellung zweier Heilswege, eines religiösen und eines weltlichen, erweist sich damit in einer strukturellen Analyse als eine vielfache und komplexe chiastische Verschränkung von Heilsideen und deren Realisierbarkeit, dramaturgisch visualisiert als ein Wechselspiel zwischen Bewegung, Ziel und Unterbrechung. Die Bewegung im Raum wird damit zu einem aus der mittelalterlichen Dramentradition[12] entliehenen Interpretament spiritueller und geistlicher

10 Vgl. Bärfuss 2010, S. 135.

11 Bärfuss 2010, S. 152.

12 Entscheidend für diesen Zusammenhang ist die Verbindung von Theatralität und Ritual, die das geistliche Spiel des Mittelalters prägt. Entscheidend ist dabei die Nähe des Spiels zur liturgischen Praxis: wichtige Heilstatsachen, wie die Geburt, das Leiden,

Belange in Neuübersetzung in die Gegenwart des 21. Jahrhunderts, das sowohl als ein Schlüssel zur Religiosität in der Gegenwart als auch zum semantischen Potential des derart durch die Dramentradition kodierten Raumes lesbar ist.

2. Existenzielle Unverortbarkeit und räumliche Selbstverortung der Figuren

Erikas persönliche Reise zur Schwarzen Madonna in Tschenstochau steht grundsätzlich in der Tradition des christlichen Heilsverständnisses, innerhalb dessen der individuelle Weg zur religiösen Erlösung in der Ausdauer und im Glauben an das Ziel fest verankert ist. Die Verbindlichkeit und Richtigkeit des Weges ist dabei mit der Wahl dieses Ziels, also mit der Suche nach dem Heil Jesu Christi, bereits gesichert. So heißt es etwa in Joh. 14, 4–6: „Und wohin ich gehe – den Weg dorthin kennt ihr. Thomas sagte zu ihm: Herr, wir wissen nicht, wohin du gehst. Wie sollen wir dann den Weg kennen? Jesus sagte zu ihm: Ich bin der Weg und die Wahrheit und das Leben; niemand kommt zum Vater außer durch mich."[13] Zwei Aspekte in diesem neutestamentlichen Zitat erscheinen für die vorliegenden Überlegungen entscheidend: die räumliche Dimension des religiösen Heilsweges sowie die bedingungslose Verbindlichkeit des Weges durch die richtige Wahl des Ziels. Der Weg und das Ziel stellen eine Einheit dar, ja der Weg erweist sich bereits als Bestandteil des Ziels. Übersetzt man diese Maxime auf die Logik der Handlung, deutet bereits Erikas Einstieg in den falschen Bus und die damit offenkundige, wenn auch unbewusste, Wahl eines falschen Weges eine Diskrepanz zwischen dem Wunsch und dessen Realisierbarkeit an, die fortan die Dramenhandlung bestimmt. Der Verbindlichkeit der christlichen Wegmetaphorik stellt die Anordnung

die Auferstehung und die Himmelfahrt Christi werden dabei im rituellen Kontext des Gottesdienstes (Messe) mimetisch vermittelt. Das bekannte heilige Geschehen der biblischen oder legendären Stoffe wird so in der sakralen Realität der Zuschauer vergegenwärtigt, in der die Erlösungstat Christi durch das Spiel Präsenz erlangt. Die überlieferten Berichte und Nachrichten über Aufführungen im Kirchenraum sind zahlreich, so berichtet Schulze: „Unsere Kenntnis solcher Spiele beruht auf der schriftlichen Überlieferung von Rollentexten, die mit Spielanweisungen verbunden sind, dazu kommen Berichte und Nachrichten über Aufführungen, deren Anzahl die überlieferten Texte weit übertrifft." (Schulze 2012, S. 11) Zur Veranschaulichung der Praktiken räumlicher Realisierung des geistlichen Spiels im Mittelalter vgl. etwa die Untersuchung der Bühnenpläne der Aufführungen des Rheinischen Osterspiels der Berliner Handschrift, wie sie Rueff durchgeführt hat, vgl. Rueff 1925, hierzu bes. S. 43–48. Zur dramenhistorischen Verortung vgl. zudem Schulze 2012, S. 37–44 sowie Breuer 1975.

13 Joh. 14, 4–6.

von Weg, Irrweg und Ziel im Stück Probleme der Orientierungslosigkeit und Relativität entgegen. Der Verbindlichkeit eines christlich-religiösen Ziels wird damit eine grundsätzliche Unverbindlichkeit gegenübergestellt, die bereits in der ersten Szene zum Ausdruck kommt: Hier wird der Bus selbst als einzige Lichtquelle zum Orientierungs- und Verortungsmoment im Dunkel der Nacht erhoben: „An einer Straße. In einem Wald. Mitten in der Nacht. Ein Reisebus steht am Straßenrand. Die Aufschrift: Hermann Reisen. Durch das Fenster fällt Licht. Die Scheinwerfer werfen Kegel ins Dunkel."[14] Hier ist es der Bus als Inbegriff der Bewegung und damit räumlicher Unverbindlichkeit selbst, der die Dinge sichtbar macht, sie aus dem Dunkel ins Licht und damit ins Bewusstsein holt. Er stellt die einzige Lichtquelle dar, die überhaupt auf die Existenz einer Umgebung zu schließen erlaubt, ein Bild, das erkenntnistheoretische wie existenzialistische Assoziationen weckt, deren nihilistische Grundhaltung der religiösen Rauminterpretation geradezu diametral entgegensteht.[15] Das Dunkel der Nacht mutet gar wie eine metaphysische Erfahrung an, so heißt es: „Das hier ist eine andere Nacht. Eine schlimme Nacht. Ganz schlimm."[16] Dabei ist nichts auszumachen, das auf den Ort schließen ließe, an dem sich der Bus befinden könnte, und damit auch nichts über die Richtung zu erfahren, in die er sich bewegt. Die Kategorien von Raum und Zeit als Grundlagen erkenntnistheoretischer Verortung bleiben außer Kraft gesetzt, das Erfassen der Zusammenhänge findet punktuell durch die selektive Beleuchtung des Busses statt:

> „ERIKA: Wo sind wir.
> HERMANN: Wo sind wir. Wo sind wir. Wir sollen sehen. Es steigt feucht vom Boden auf. Frisch ist es auch, und: Wir sehen keine Lichter. Wenn das Licht aus dem Bus nicht wäre, wir sähen die Hand nicht vor den Augen. Da steht, glaube ich, eine Tanne. Und da. Da steht noch eine. Und dort. Was ist das. Ebenfalls eine Tanne, so weit ich sehen kann. Also.
> ERIKA: Wie.
> HERMANN: Man darf annehmen, wir stehen in einem Wald.
> ERIKA: In einem Wald.
> HERMANN: Dahin geht meine Vermutung."[17]

Im Scheinwerferlicht des Busses taucht die Umgebung wie aus dem Nichts in Form einzelner Tannen auf, die erst allmählich zu einem Begriff und so zu einem begreifbaren Ort zusammengefügt werden. Der Bus avanciert damit zu einem Fixpunkt innerhalb der Unmöglichkeit einer Lokalisierung und Orientierung im

14 Bärfuss 2010, S. 133.
15 Vgl. Keim 2007, S. 89–92.
16 Bärfuss 2010, S. 134.
17 Bärfuss 2010, S. 134.

Dunkel der Nacht, der zugleich selbst Sinnbild für Bewegung und Unverortbarkeit schlechthin bleibt. Denn kommt er einmal zum Stillstand, wird er in einer Garage abgestellt und damit seiner Funktion enthoben. Ein pessimistisches Bild entspinnt sich damit auf der interpretatorischen Metaebene: Christlicher Verbindlichkeit durch die Wahl eines transzendenten Ziels steht damit die Relativität irdischer Reisen gegenüber, deren Ziel von punktuell getroffenen Entscheidungen abhängt und in keinen großen räumlichen Kontext eingebettet werden kann.

Als Konstante des Geschehens erweist sich indessen das Moment der Bewegung selbst, deren Movens in der Sehnsucht nach Erlösung angesichts der Erfahrung existenziellen Unbehagens und Orientierungslosigkeit besteht. Dies verkörpern nicht zuletzt die vier Teilnehmer der Reise in das Hochgebirge, die nach und nach als personifizierte Variationen des Unbehagens auftreten: *Jasmin*, die Intellektuelle, die als Vertreterin abendländisch aufklärerischer Werteideale der Angst vor der eigenen Endlichkeit durch Vernunft zu begegnen sucht („Alles würde ich tun, um die Angst zu vergessen.“[18]), der todkranke *Herr Kramer*, der lediglich als Stimme durch Furcht- und Schmerzschreie aus dem Inneren des Busses in Erscheinung tritt, eine Figur, die als *Die Dicke* bezeichnet wird und die offensichtlich Angst davor hat, allein zu sein, sowie *Karl*, der ehemalige Lebensgefährte von Erikas Mutter, dessen Wesensmerkmal Feigheit ist, der also die Angst zu handeln und damit Verantwortung zu übernehmen verkörpert („Ich bin ganz allgemein sehr feige. Das sitzt im Charakter, und wenn ich die Feigheit aus mir löse, fällt meine Person zusammen wie ein Kartenhaus.“[19]) Sie alle stellen als Versagensangst, Todesangst, Angst vor der Einsamkeit und Angst vor der Verantwortung Varianten der Unbehaustheit und Unverbindlichkeit der Existenz dar, und weisen das Kurhotel in den Bergen, als einen utopischen Ort der Angstfreiheit aus, der Züge christlicher Paradiesvorstellungen trägt: „Das Kurhotel ist eine andere Welt. Hell ist alles und sehr still, man hört seine eigenen Schritte kaum.“[20]

Von Erika heißt es indessen, sie fürchte sich nicht[21], ihre Reise ist nicht durch persönliches Unbehagen motiviert, sondern folgt vielmehr – so sagt sie – einer transzendenten Ordnung, auf die sie keinen Einfluss hat. Doch ihr Irrtum führt auch sie in den Bus, der als Fixpunkt im Dunkel der „schlimmen Nacht“ das Moment der Bewegung als einzige Konstante manifestiert. So verstanden, bestimmt die Relativität alle Positionen und Handlungen des Stücks. Wie der Bus mit seinem Licht die Wirklichkeit schafft, so erweist sich alles Geschehen als Ergebnis

18 Bärfuss 2010, S. 149.
19 Bärfuss 2010, S. 158.
20 Bärfuss 2010, S. 176.
21 Vgl. Bärfuss 2010, S. 149.

psychologischer Dispositionen, die sich etwa in Angst oder Wut manifestieren, und sozialer Konstellationen, etwa der Gruppendynamik. Die religiöse Dimension, die durch das Auftauchen Erikas in der Reisegesellschaft ins Spiel gebracht wird, bringt unterschiedliche Variationen emotionaler Haltlosigkeit der Figuren zum Ausdruck, die sich alle als dynamische Formen des sehnsuchtsvollen Unterwegsseins manifestieren. Glaubensfragen werden auf der Ebene persönlicher Motivation verhandelt, innerhalb derer den emotionalen Zuständen Angst und Sehnsucht nach Sicherheit zentrale Bedeutung zukommt.

3. Die dramatische Sprache von Raum und Zeit

Dieser ins Immanente transponierten Religiosität entspricht die Raummetaphorik selbst: Raum und Zeit verlieren ihre Gültigkeit als verlässlicher Rahmen des Geschehens, stattdessen werden sie jeweils in Relation zur jeweiligen Bewegung darin als momentan gültige Größen neu codiert, oder anders gesagt: Das Stück generiert ein eignes lesbares Raum-Zeit-Kontinuum, das vertikal und horizontal, räumlich und zeitlich eigene Bedeutungsstrukturen aufweist. Räumlich markieren die beiden Ausrichtungen der Heilswege die im Stück gültige Struktur, die sich zwischen der horizontalen Bewegung von Westen nach Osten, also in Richtung des Pilgerortes im polnischen Tschenstochau[22], sowie in der vertikalen Bewegung des Reisebusses aus dem Tiefland unten in das Kurhotel in den Bergen, also von unten nach oben entspinnt. Vom Oben verspricht sich die Reisegesellschaft Heilung vor der (Todes)Angst, im entgegengesetzten Unten erwartet sie indessen der Tod. Innerhalb der Bewegung von oben nach unten ist die Angst vor dem Tod der Auslöser, innerhalb der West-Ost-Verbindung ist es hingegen der religiöse Auftrag.

Die Orte bleiben jedoch stets im Modus des Verweisens auf den erhofften Inhalt, ohne dessen Funktion erfüllen zu können. Die Angst vor dem Tod sowie die Hoffnung auf Heil machen folglich die räumlichen Koordinaten der Bühnenhandlung aus. Es sind nicht die Orte selbst, also Tschenstochau oder das Kurhotel, sondern die interpretierende Bewegung darin, die die Orte mit Bedeutung belegt und ihnen mit dem eigenen Weg einen Sinn gibt. In dieser semantischen Anordnung des Raumes bringt das Stück damit jene Relativität und individuelle

22 Die Wanderung von Westen nach Osten führt der Sonne und damit dem Licht entgegen, worin die biblische Gleichsetzung mit dem (ewigen) Leben anklingt, vgl. 1. Mose 1,3–5 oder Joh. 1,4–9. Vor allem die Literatur des 18. und 19. Jahrhunderts etabliert den Sonnenaufgang mithin als Ausdruck der Christussymbolik. Vgl. etwa Karl Philipp Moritzs Hartknopf-Romane, die 1786 und 1790 erschienen sind.

Zuschreibung der Bedeutung zum Ausdruck, die anfangs bereits im Bild des in die Dunkelheit leuchtenden Busses angelegt war und stellt damit in der Sprache geistlicher Dramaturgie in der Bewegung zwischen Ost und West, Oben und Unten die Erfahrung der Unverbindlichkeit und Relativität der Postmoderne heraus. Den Raum-Koordinaten stehen zugleich zeitliche Fixpunkte gegenüber: So soll Erika am festgelegten Tag der Hl. Sophie an ihrem Ziel ankommen, während die Gruppe pünktlich zum vereinbarten Zeitpunkt das Kurhotel erreichen soll.

Die inneren Koordinaten West – Ost und Oben – Unten werden damit zu individuellen Koordinaten, die im Moment der Suchbewegung Gültigkeit erlangen, sich jedoch als unverbindlich erweisen und damit mit den gleichermaßen relativen Antworten auf Sinnfragen korrespondieren. So erscheinen die tatsächlichen Raum- und Zeitverhältnisse im Stück verzerrt, sie dehnen sich aus oder ziehen sich zusammen bis hin zum Verschwinden. Etwa dauert die Nacht den Zeitangaben entsprechend ungewöhnlich lange: Es heißt, Erika sei im Morgengrauen in den Bus gestiegen, der Bus sei seit acht Stunden unterwegs und es ist immer noch tiefe Nacht, die das ganze Stück über bestehen bleibt. Existenziell aufgeladen hält die Nacht, die den Raum beinahe auflöst, irreal lange an. Als entgegengesetztes Extrem erscheint Erika in der letzten Szene plötzlich an ihrem Zielort, obwohl der Fahrer des Busses tot ist und sie eben noch an Antons einsamer Tankstelle festsaß, ohne eine Möglichkeit von dort wegzukommen. Der Raum wird auf diese Weise widersinnig überwunden.

4. Phänomene der Individualisierung religiöser Praktiken

Mit der dramaturgischen Verbindung räumlicher Beschaffenheit mit religiösen Ausrichtungen lassen sich hier Rückschlüsse auf die Religiosität ziehen, die in der Religionsforschung bereits zu Beginn des 20. Jahrhunderts artikuliert worden sind: Der US-amerikanische Psychologe und Philosoph William James beschreibt in seiner Studie *Die Vielfalt religiöser Erfahrung* aus dem Jahr 1901/02 die Tendenz zur Individualisierung religiöser Spiritualität im 19. Jahrhundert, mit der die Verbindlichkeit religiöser Inhalte zugunsten persönlicher Vorstellungen und Bedürfnisse zurückgedrängt wird. Hundert Jahre später greift der kanadische Philosoph Charles Taylor die Ergebnisse des William James auf und hebt in seiner Untersuchung zum Religiösen das Phänomen hervor, kollektive Rituale wichen immer mehr einem „expressiven Individualismus", der damit das Moment der Verbindlichkeit aus sich selbst heraus zu schöpfen habe.[23] Aus dieser Beobachtung

23 Vgl. James 1979, S. 165–184. Von einer philosophischen ethischen Position nähert sich Taylor der Problematik unter den Vorzeichen der (Post-)Moderne an, wo er die

lassen sich sowohl positive als auch negative Folgen ableiten: Einerseits schafft die Individualisierung der Religiosität Möglichkeiten zur moralischen Eigenverantwortung, andererseits birgt sie die Gefahr nihilistisch gefärbter Relativität und Unverbindlichkeit. Zwischen beiden entspinnt sich das Spektrum der Problematik in Bärfuss' Stück, die eine Zuspitzung des Phänomens in der Gegenwart des 21. Jahrhunderts zu verdeutlichen scheint.[24]

Während die Bühnendarstellung von Raum und Zeit also konventionellen Verbindlichkeiten folgt – die Handlung wird linear in einem fünfaktigen Aufbau geschildert – markieren die *dargestellten* Koordinaten von Raum und Zeit die Problematik der Verbindlichkeit von spiritueller Verortung generell. Mit dem Setzen momentan gültiger, die Gültigkeit aus sich selbst heraus schöpfender Räume, die lediglich die Prozesshaftigkeit des Verortungsvorgangs visualisieren, wird ähnlich einem sakralen Raum eine Raum-Zeit-Kontinuität nach eigenen Gesetzen kreiert, deren relative und punktuelle Gültigkeit sich wie Zitate gegenüber der vereinbarten Gültigkeit eines sakralen Raumes ausnimmt.

Auch die Agitation der Figuren, vor allem jene Hermanns – etwa sein Versuch Erika zu opfern, zuerst stellvertretend durch einen Fetisch, dann sie selbst – weist einen Zitatcharakter auf. Sie spielt sich nicht in einem Rahmen ab, in dem ein solches Opfer einen Sinn hätte, sondern erweist sich als willkürlich aus der emotionalen Situation getroffene persönliche Entscheidung, die in dem Fall als Mord verstanden werden muss. Die Entscheidung, den Bus in den Abgrund zu

---

Tendenz zu einer individuellen, auf ethischer Verantwortung basierenden neuen Religiosität in der Gegenwart ausmacht, vgl. Taylor 2002, S. 79ff. In diesem Sinne ist auch das der Untersuchung vorangestellte Zitat aus der 1906 gehaltenen Rede Hugo von Hofmannsthals *Der Dichter und diese Zeit* zu verstehen, in dem er die Unmöglichkeit auf öffentlicher, interpersonaler Ebene Fragen individueller Existenz zu verhandeln als ein bedeutendes Problem der Moderne herausstellt.

24 Taylor beschreibt das Phänomen als eines, das in den letzten Jahrzehnten, seit Mitte des 20. Jahrhunderts verstärkt zu beobachten ist: „Auf der einen Seite ist es eine individualisierende Revolution, was merkwürdig klingen mag, weil unser modernes Zeitalter längst auf einen gewissen Individualismus gegründet war. Doch dieser Individualismus hat sich auf eine neue Achse verlagert, ohne die anderen ganz zu verlassen. Neben dem moralisch-spirituellen und instrumentellen Individualismus haben wir es nun auch mit einem weitverbreiteten „expressiven" Individualismus zu tun. Das ist natürlich nichts vollkommen Neues. Der Expressivismus war eine Erfindung der Romantik im späten 18. Jahrhundert. Intellektuelle und künstlerische Eliten suchten das ganze 19. Jahrhundert hindurch nach der authentischen Lebensweise oder nach der authentischen Weise, sich auszudrücken. Neu daran ist, daß diese Art der Zugewandtheit zum eigenen Ich offenbar zu einem Massenphänomen geworden ist." Taylor 2002, S. 71f.

lenken, entspringt ebenfalls einer willkürlichen Entscheidung, deren Folgen zu einer fatalen und tragischen Realität für die Insassen des Busses werden. Auch bleibt der Vergleich seiner Fahrweise mit jener des Teufels nicht mehr als eine Redewendung, die keine Schlüsse auf eine metaphorische Ebene mit sich bringt. Erika hingegen findet beinahe Zufriedenheit in einer Bergtankstelle Antons, der nach autonomen ethischen Vorstellungen die Welt verbessern möchte und sie ihr Vorhaben beinahe vergessen lässt, was trotz aller Überzeugung dessen Relativität zum Ausdruck bringt. Folgerichtig kehrt erst dann Ruhe für die Figuren ein, als sich alle Vorstellungen vom Heil als falsch herausgestellt haben, Hermann mit der Reisegruppe aus falscher Religiosität verunglückt ist, Erika ihren Pilgerort als bigotte und dem Konsumwahn verfallene Massenveranstaltung erkennt und von den Ideen eines Ziels einer Bewegung keine Spur mehr vorhanden ist. Dann schließt das Stück an einem Ort, der an ein Obdachlosenquartier erinnert, mit den Worten eines Schlafenden, der an Hermann erinnert: „Schön. Das ist schön. Diese Ruhe. Wie im Himmel."[25] Die Ruhe, nach der sich alle Figuren gesehnt haben, tritt aufgrund von Enttäuschung aller Ideen von religiösem wie irdischem Heil ein.

5. Korrespondenz zu individuell verbindlichen Raumgültigkeiten in Ort-Theorien der Gegenwart

Insgesamt wechselt der Ort des Geschehens im Stück drei Mal: Nach dem skizzierten ungeplanten Halt im Wald ist der zweite Schauplatz eine verlassene Tankstelle, auf der Anton als Einsiedler residiert und von hier aus die Welt zu verbessern sucht. Der dritte Ort ist eine Hochebene, auf der Erika durch die Businsassen geopfert werden soll, gefolgt vom Pilgerort selbst, an dem Erika einen Tag zu spät, nach der Abzug der Massen, angekommen ist. Alle diese Orte veranschaulichen abstrakte Ideen und führen zugleich deren Scheitern vor: Die Rapsdieseltankstelle versinnbildlicht Antons Idee von der Möglichkeit, die Welt durch Nachhaltigkeit zu retten, allerdings stellen die spärlichen Kunden und das Schild mit der Aufschrift: „Leider geschlossen"[26] deren Realisierbarkeit in Frage. Mit der Hochebene wird indessen jener Ort markiert, an dem die Gruppe Erika als ihren Störenfried endgültig loswerden möchte[27], um in Ruhe ihren Weg zum Kurhotel fortzusetzen, stattdessen wird es der Ort des Todes für die gesamte Reisegesellschaft.

---

25 Bärfuss 2010, S. 217.

26 Bärfuss 2010, S. 169.

27 Verwiesen sei hier auch auf eine mögliche politische Lesart des Textes, die sicherlich ebenfalls reizvoll wäre, arbeiten doch gerade soziopolitische Konzepte wie jenes, das Giorio Agamben mit dem Begriff des „homo sacer" stark macht, mit dem Moment

Und schließlich folgt der Marktplatz im polnischen Tschenstochau, dem Ziel von Erikas Mission, also jenem Ort, an dem sich ihre Religiosität realisieren sollte. Doch stattdessen erweist er sich als Ort kommerzieller Verballhornung eines sakralen Ortes. Auch Erikas Ziel entpuppt sich damit als ein illusionärer Wunsch.

Alle vier Orte versinnbildlichen so die Subjektivität individueller Rauminterpretationen, die den persönlichen Lebensentwürfen als Grundlage dienen, jedoch keine allgemeingültige verbindliche Wertigkeit aufzuweisen vermögen. Nur indirekt verweisen die Orte auf den individuellen Wunsch nach allgemeingültigen Werten, der ihren Interpretationen zugrunde liegt, so in der Idee von Humanität und Verantwortung für Anton, in Religiosität und Demut für Erika oder in Eigen- und Nächstenliebe der Reisegesellschaft. Alle diese räumlichen Momente der Realisierung von Ideen verkörpern zugleich die Möglichkeit, sich in ihr Gegenteil zu verwandeln, was in allen Fällen passiert. Die Hauptthematik des Stücks, die Flüchtigkeit von Verbindlichkeiten, die sich in den Raum-Zeit-Kategorien nachweisen ließ, gilt damit auch für die dargestellten Räume selbst, die immer abhängig von der dem jeweiligen Kontext geschuldeten Interpretation sind.

In dieser Gleichzeitigkeit von einer realen Existenz der Orte und deren subjektiver Bedeutungszuschreibung verkörpern sie Merkmale jener Räume, die Michel Foucault 1967 in einem frühen Vortrag „Des espaces autres"[28], der erst 1984 als Aufsatz gedruckt wurde, als „Heterotopien" bezeichnet hat. In Weiterentwicklung des Begriffs der Utopie entwickelt er den Gedanken eines hybriden Phänomens von gleichzeitiger Existenz und nicht Existenz:

> „Und ich glaube, dass es zwischen den Utopien und diesen völlig anderen Orten, den Heterotopien, eine gemeinsame, gemeinschaftliche Erfahrung gibt, für die der Spiegel steht. Denn der Spiegel ist eine Utopie, weil er ein Ort ohne Ort ist. Im Spiegel sehe ich mich dort, wo ich nicht bin, in einem irrealen Raum, der virtuell hinter der Oberfläche des Spiegels liegt. Ich bin, wo ich nicht bin, gleichsam ein Schatten, der mich erst sichtbar für mich selbst macht und der es mir erlaubt, mich dort zu betrachten, wo ich gar nicht bin: die Utopie des Spiegels. Aber zugleich handelt es sich um eine Heterotopie, insofern der Spiegel wirklich existiert und gewissermaßen eine Rückwirkung auf den Ort ausübt, an dem ich mich befinde. Durch den Spiegel entdecke ich, dass ich nicht an dem Ort bin, an dem ich bin, da ich mich dort drüben sehe. Durch diesen Blick, der gleichsam tief aus dem virtuellen Raum hinter dem Spiegel zu mir dringt, kehre ich zu mir selbst zurück, richte meinen Blick wieder auf mich selbst und sehe mich nun wieder dort, wo ich bin."[29]

---

des Ausschlusses und Opferns von sich jenseits kollektiver Macht befindenden Individuen aus der Gemeinschaft.

28 Foucault 2006.

29 Foucault 2006, S. 320–321.

Nicht nur der Bus ist auf diese Weise lesbar, der ohne benennbare Ortung umherfährt, im unbenennbaren Wald hält und letztlich in die Schlucht stürzt, auch die vereinsamte Tankstelle stellt eine Variation dieses Raumtypus dar, die sich im Sinne ihres Betreibers als Ort konstituiert, der bewusst nicht zur Gesellschaft gehören möchte – ein Aussteiger-Ort. In diesem Sinne bleiben auch die Hochebene, die einen Ausblick suggeriert, doch aufgrund der Dunkelheit der Nacht keinen zu bieten vermag, sowie der Pilgerort, der am Tag danach lediglich auf das vergangene Ereignis verweist, Scheinorte, die einer verbindlichen Idee nicht entsprechen.

Die räumliche Relativität, die in Bärfuss' Stück als Ausdruck für das Phänomen der Individualisierung und Verschiebung kollektiver Religiosität in den Bereich persönlicher Gestaltung dient, steht damit im Kontext der im 20. Jahrhundert rege geführten Diskussion um objektive Gültigkeiten von erlebten Orten, also Orten, die ihre objektive Existenz mit subjektiven Interpretationen zu vereinbaren haben. Auf ähnlichen Beobachtungen wie jenen Michel Foucaults basiert der Begriff der „Nicht-Orte" des französischen Ethnologen Marc Augé.[30] Von ethnologischen und anthropologischen Positionen ausgehend, steht für Augé das Moment des Erfindens kultureller Lebensräume grundsätzlich in enger Verbindung mit identitätsstiftenden Prozessen.[31] Durch gesellschaftliche und politische Entwicklungen der letzten Jahrzehnte begründet, die er als zeitliche Beschleunigung sowie Überfülle und damit Auflösung des Raums apostrophiert, beschreibt er eine grundsätzliche Individualisierung der Referenzen gegenüber den raum-zeitlichen Konstanten, die als Grundraster ethnologischer Betrachtung ihre Aussagekraft verlieren. „Nicht-Orte" sind für Augé neben den transitären Durchgangsorten damit vor allem Räume, die durch bestimmte individuelle Interpretation zu etwas Neuem werden, das sich von der ursprünglichen Funktion und ursprünglichem Wesen des Ortes unterscheidet. Sie werden zu räumlichen Momenten, die nur durch die geistige Interpretation des Betrachtenden und darin Agierenden zu Definitionen werden, die sich mit der Auflösung der Idee selbst auflösen.

In Bärfuss' Stück und seiner Adaption mittelalterlicher Raumdramaturgie des Mysterienspiels treffen damit Beobachtungen religiöser Praxis und religiösen Selbstverständnisses der Gegenwart mit Entwicklungen im Bereich der Raumsoziologie und Raumpsychologie zusammen. So wie der religiöse Weg durch den Verlust von verbindlichen Relationen nach und nach zu einem „imaginierten Ort

30 Vgl. Augé 1994.

31 Augé 1994, S. 53–89, hier S. 54.

des Sakralen"[32] wird, so lassen sich Räume als Ausdruck individueller subjektiver Ideen begreifen, deren einziger Bezugspunkt die Ausrichtung des Weges selbst ist, in dem auf struktureller Ebene die individuellen Ideen von verbindlichen Größen zum Ausdruck kommen. Bärfuss' Auseinandersetzung mit Religiosität erweist sich damit als Auseinandersetzung mit dem Wunsch nach Religiosität im Sinne einer ontologischen Aufgehobenheit, die den entheiligten Raum zu seinem entscheidenden Problem macht.

32 Taylor 2002, S. 83. Hierzu auch James 1979 und Kelting 2009.

Natalia Fuhry

Die Stimmen sind das Theater: der theatrale Hör-Raum in den Stücken von Elfriede Jelinek

Zunächst bettet der Beitrag die Position von Elfriede Jelinek in die spezifische Entwicklung der österreichischen Dramatik nach 1966, in dem Jahr wurde Handkes „Publikumsbeschimpfung“ uraufgeführt. Zugleich wird deutlich gemacht, dass sich das postdramatische Theater von den handlungsorientierten Strukturen abwendet und die Inszenierung selbst in den Mittelpunkt des Interesses gestellt wird. Dadurch wandelt sich auch die Funktion und Situation des Publikums, das z.T. in die Inszenierungen einbezogen wird. Zugleich wird das Verhältnis zwischen dem Zuschauerraum und dem Bühnenraum verändert, die strikte Trennung aufgehoben. Der Theaterraum bietet damit keinen Anhaltspunkt für eine Mimesis. Schauspieler nehmen dabei den Zuschauerraum ein, darüber hinaus werden Theatervorstellungen an kulturfernen Orten (Industriehallen, Parks oder Kantinen) realisiert. In dieser Weise hat auch Elfriede Jelinek ihre Theatertexte angelegt. Analysiert werden die beiden Stücke „Ein Sportstück“ (1998) und „Die Kontrakte des Kaufmanns“ (UA Köln 2009). Dabei steht die verdeckte Kommunikation zwischen der Autorin und den Regisseuren ebenso im Fokus, wie die Anlage der Stücke, denen zentrale Bereiche der Freizeitgesellschaft (Sport und Wirtschaft) dekonstruiert werden. Jelinek gestaltete auch die Geschlechterbilder, bei denen im „Sportstück“ einerseits die Kampflust maskuliner und die „Schönheitsgier“ femininer Stimmen artikuliert werden. Beachtenswert ist auch die Chorinstanz, wobei der Chor als identitätsloser Körper gestaltet wird, der sowohl tötende Menge oder versagendes Opfer ist. Mit den Texten von Jelinek, die unterschiedliche Diskurse zum jeweiligen Sujet liefern, werden durch die Figuren, die eher entindividualisierten Sprecherinstanzen gleichen, durch reproduzierte Sprachschablonen „Hörräume“ geschaffen, in denen zusammenhanglose, aber auch metaphorische Sprache von körperlosen Figuren und Stimmkonglomeraten produziert wird. Auf die Veränderungen der angesprochenen Räume zielt die Analyse dieses Beitrages ab.

Seit dem 20. Jahrhundert werden die Traditionen des konventionellen Theaters sowohl in ästhetischer als auch in konzeptioneller Hinsicht immer mehr durchbrochen. Im postdramatischen Theater etwa rücken handlungsorientierte Strukturen in den Hintergrund – oder sind erst gar nicht vorhanden – und die Aufführung selbst wird zum eigentlichen Ereignis,[1] dessen Austragungsort sich nicht mehr ausschließlich auf die Bühne beschränkt. Dabei verliert das Publikum vielfach

1 Fischer-Lichte 2004b, S. 11ff.

seine rein passiv rezipierende Rolle und wird zum aktiv angesprochenen und „bespielten" Kommunikationspartner.

Dass dieses auf vielfältige Weise stattfindende Dekonstruieren der Konventionen kontroverse Reaktionen hervorbringen kann, wurde beispielsweise bei der Uraufführung von Peter Handkes *Publikumsbeschimpfung* deutlich. Handkes Bruch mit dem Regeldrama – durch das Fehlen konkreter Figuren oder das Durchbrechen der vierten Wand zwischen Schauspielern und dem Publikum – polarisierte stark und teilte das Publikum, das mit Amüsement und Irritation, aber auch Verwunderung bis hin zu Entsetzen reagierte. Handkes Text und dessen erste Bühnenrealisierung, die am 8. Juni 1966 unter der Regie von Claus Peymann am Frankfurter Theater im Turm Premiere hatte, provozierten vor allem dadurch, dass grundlegende theatrale Konventionen sowohl auf Text- als auch auf inszenatorischer Ebene durchbrochen wurden. Denn der „Text will die Bühne gegen die Selbstverständlichkeit ihrer Formen in der Künstlichkeit ihres Spiels neu bewusst machen"[2], was durch Peymanns Inszenierung – eine minimalistisch ausgestattete Bühne mit vier Schauspielern – potenziert wurde.

Handkes Kritik am Theater wird schon in den ersten Zeilen explizit formuliert. So richten sich die vier Sprecher mit folgenden Worten an das Publikum: „Sie werden kein Schauspiel sehen. Ihre Schaulust wird nicht befriedigt werden. Sie werden kein Spiel sehen. Hier wird nicht gespielt werden. Sie werden ein Schauspiel ohne Bilder sehen."[3] Nicht eine zu erzählende Handlung ist Grundlage des Geschehens, es handelt sich vielmehr um einen Dialog zwischen Schauspielern und dem Publikum, bei dem über die Institution des Theaters räsoniert und reflektiert wird. So äußert sich Handke im Gespräch mit Klaus Kastberger über seinen Text:

> „Die Methoden meines ersten Stückes [*Publikumsbeschimpfung*] bestanden darin, daß alle Methoden bisher verneint wurden. [...] Immerhin habe ich bemerkt, daß die Möglichkeiten auf dem Theater nicht beschränkt sind, sondern daß es immer noch eine Möglichkeit mehr gibt, als ich mir gerade gedacht habe."[4]

Der Theaterraum wird bei Handke nicht als ein Ort verstanden, der dem Zwecke einer Nachahmung von Wirklichkeit dient, sondern die Bühne ist „ihr eigener Schauplatz und Gegenstand"[5]. Indem das Theater selbst zum Grund der Aufführung wird, ist Handkes Theatertext ein Bruch mit traditionellen Seh- und

2 Pektor 2012, S. 100.
3 Handke 1996, S. 15.
4 Kastberger 2012, S. 36.
5 Pektor 2012, S. 100.

Hörkonventionen immanent, was in Peymanns Inszenierung umgesetzt und sichtbar wird. So findet sich bei seiner Bühnenrealisierung keine klare Trennung zwischen Bühne und Zuschauerraum, da die Schauspieler teilweise auch auf den Rängen und zwischen dem Publikum agieren. Demzufolge verbinden sich in *Publikumsbeschimpfung* „Sprachkritik und Performance […] frech, sehr frech und musikalisch“[6]. Der Theatertext und seine Uraufführung waren insofern revolutionär, provokativ und zugleich höchst innovativ.

Auch im Theaterschaffen des 21. Jahrhunderts findet sich eine kritische Auseinandersetzung mit dem Theater wieder, die sich beispielsweise in einem von klassischen Konventionen abweichenden Umgang mit dem Theaterraum manifestiert. Wie in Handkes/Peymanns *Publikumsbeschimpfung* die Bühne gerade nicht einen symbolischen Ort darstellte, verfremden auch viele Regisseure der Gegenwart – teils unabhängig vom aufzuführenden Text – die berühmten Bretter, die die Welt bedeuten: So ist zum Beispiel das Publikum vermehrt nicht im Zuschauerraum, sondern auf der Bühne platziert, die Schauspieler dringen während der Vorstellung in den Zuschauerraum vor oder das theatrale Ereignis findet an traditionell theaterfremden Orten wie Industriehallen, Parks oder Kantinen statt. Viele Theaterprojekte verlassen bewusst die institutionalisierte Architektur des Theaterraums und machen sich beispielsweise, wie Eva Holling aufzeigt, die räumlichen Möglichkeiten einer Stadt[7] oder sogar einer ganzen Region zu Eigen, wie eines der bedeutendsten Kunstfestivals des Ruhrgebiets, die *Ruhrtriennale*, beweist. Jeden Sommer gehören Opern- und Schauspielproduktionen hier zum festen Bestandteil des Repertoires, das in „Kraftzentralen, Kokereien, Gebläsehallen, Maschinenhäusern und Kohlenmischanlagen, auf Halden und Brachen von Bergbau und Stahlindustrie“[8] präsentiert wird. Theaterbauten befinden sich kaum unter den Spielstätten, wodurch bei der *Ruhrtriennale* sowohl der Strukturwandel von Kohle und Stahl hin zu Technologie, Bildung und Kultur als auch die ortsspezifischen Veränderungen bei der Kunstproduktion und -präsentation im Theater der Gegenwart sichtbar und in einem Festival miteinander verbunden werden. Dieses Spezifikum spiegelt sich auch im Motto der *Ruhrtriennale* „Seid umschlungen“ unter der aktuellen Leitung von Johan Simons wider, das sich „als Geste der künstlerischen, gesellschaftlichen und geographischen Umarmung“[9] versteht.

---

6 Oberender 2012, S. 9.

7 Vgl. Holling 2007.

8 Vasco Boenisch, Dorothea Neweling, Cathrin Rose (u.a.): *Über die Ruhrtriennale.* unter: www.ruhrtriennale.de/de/uber-die-ruhrtriennale [Stand: 07.04.2015].

9 Ebd., *Ruhrtriennale.* [Stand: 07.04.2015].

Doch nicht nur durch konkrete Bühnenrealisierungen oder Festivalkonzeptionen werden im zeitgenössischen Theaterschaffen klassische Raumkonzepte des Aufführungsortes durchbrochen. Elfriede Jelinek, die die Konventionen des traditionellen Theaters mit nahezu jeder Zeile ihrer Texte dekonstruiert, gehört zur Gruppe von Autorinnen und Autoren, deren Schaffen sich durch eine konzeptuelle und im optischen Sinne erfahrbare (Nicht-)Gestaltung der Bühne auszeichnet. Feste Orte – als Handlungsspielorte verstanden – sind vor allem in ihren Theatertexten seit der zweiten Hälfte der 1990er Jahre eine Seltenheit. Demgegenüber führt Jelinek in ihren Texten einen für das Publikum unsichtbaren Dialog mit dem Regisseur, in welchem die Autorin über Konstitution und Konzeption des Bühnenraums diskutiert. Im Nebentext finden sich nur Vorschläge, wie der Text interpretiert und inszeniert werden könnte; die letztendliche Entscheidung liegt bei der Regieinstanz. So zeigt sich in Jelineks Texten ein ironisierender Umgang mit der „Werktreue", die im modernen – vor allem im deutschen Sprachraum vorherrschenden – Regietheater negiert wird. Anstatt dagegen aufzubegehren, akzeptiert Jelinek den Kontrollverlust über ihr Werk und gibt den Regisseuren freie Hand bei der Inszenierung, wie beispielsweise in *Ein Sportstück*: „Die Autorin gibt nicht viele Anweisungen, das hat sie inzwischen gelernt. Machen Sie was Sie wollen."[10] Auch den Umgang mit ihren Texten stellt die Autorin frei und überlässt Entscheidungen etwa über Kürzungen, Rollenzuweisungen oder Reihenfolge der Regieinstanz: „Der Text kann an jeder beliebigen Stelle anfangen und aufhören. Es ist mir egal, wie man ihn realisiert"[11], wird etwa in *Die Kontrakte des Kaufmanns* formuliert.

Diese scheinbare Unterwerfung ist bei Jelinek jedoch kein hilfloser Ausdruck einer durch die Autorin akzeptierten Handlungsohnmacht. Ihre Vorgehensweise wird im Gegenteil zu einer subversiven „kontrafaktische[n] Affirmation"[12] der gegebenen Abhängigkeitsverhältnisse zwischen Autor und Regisseur, da gerade das Faktum des Loslassens seitens der Autorin zu einem der ausschlaggebenden kreativen Elemente im künstlerischen Prozesses erkoren wird. Dementsprechend sieht Jelinek in dem Konzept der Co-Autorschaft, wie Colin schreibt, „keinesfalls eine Verstümmelung ihres Werkes oder Infragestellung ihrer Rolle als Autorin bzw. ihrer künstlerischen Autonomie, sondern bewertet die Bearbeitung [durch die Regieinstanz] im Gegenteil als notwendigen Teil einer produktiven (wenn auch zumeist indirekten) Zusammenarbeit"[13].

---

10 Jelinek 2004, S. 7.
11 Jelinek 2012, S. 209.
12 Colin 2014, S. 31.
13 Ebd.

Mit der von vornherein intendierten und im Text angelegten Co-Autorschaft macht sich Jelinek die künstlerischen Verfahrensweisen des modernen Regietheaters insofern zunutze, als die Autorin sie zum elementaren Bestandteil ihrer Texte kürt. Dieser Vorgehensweise liegt ein Akt des Opponierens gegen die Handlungsohnmacht der Autoren zugrunde, da eine Werktreue im herkömmlichen Sinne bei Jelineks Theatertexten nicht möglich ist. So müssen die Regisseure nicht nur ihre eigene Interpretation der Texte entwickeln, sondern zunächst erst eine Grundstruktur wie die Aufteilung in Akte und Sinnabschnitte erarbeiten. Mit Jelineks künstlerischem Konzept ist den Regisseuren demnach die völlige künstlerische Freiheit im Umgang mit ihren Texten überlassen, damit jedoch auch die sprichwörtliche Qual der Wahl. Denn die Freiheit schafft auch „Probleme, sie löst keine […]. Deshalb kann nicht jeder mit Jelinek umgehen“[14].

Doch Jelineks Konzept der Co-Autorschaft ist nicht nur von ambivalenter Natur, weil die den Regisseuren überlassenen Freiheiten Probleme mit sich bringen, sondern die Verfahrensweise der Autorin ist auch inkonsequent. Denn die teilweise ostentativ formulierte Pose der Gleichgültigkeit wird nicht durchgängig eingehalten, da beispielsweise zur Gestaltung der Bühne oder zur Personenführung durchaus auch genaue Angaben im Text zu finden sind, denen ein – wenn nicht manipulativer, dann doch ein – steuernder Gehalt entnommen werden kann. So fährt Jelinek beispielsweise in *Ein Sportstück* nach dem bereits zitierten „Machen Sie was Sie wollen“[15], folgendermaßen fort:

> „Das einzige, was unbedingt sein muß, ist: griechische Chöre, einzelne, Massen, wer immer auftreten soll, außer an den Stellen, wo etwas anderes angegeben ist, muß Sportbekleidung tragen, das gibt doch ein weites Feld für Sponsoren, oder? […] Was die Bühne selbst betrifft, vielleicht ginge es so: Man könnte die quer in zwei Sphären teilen und zwar so: Ein düsterer Teil eines Sportstadiums ragt vor uns auf, ein Fanggitter, das zwei Fangemeinden voneinander trennen muß, damit sie sich nicht sofort gegenseitig an die Gurgel gehen. Zu beiden Seiten des aufragenden Gitters stehen uniformierte Polizisten, mit dem Rücken zum Gitter, mit den aufmerksamen Gesichtern zu den beiden Mengen, die zueinander wollen, gegeneinander drängen, ans Gitter schlagen, manchmal das Gitter durchbrechen etc.“[16]

Die Autorin formuliert also durchaus auch ihre eigenen Vorstellungen von der Inszenierung, wodurch Regisseure und Theaterschaffende mit dem Extrem konfrontiert werden, auf der einen Seite konkrete Vorgaben und auf der anderen Seite maximale Möglichkeiten zur künstlerischen Kreativität zu erhalten. „Jelinek

14 Jung 2014, S. 97.
15 Jelinek 2004, S. 7.
16 Ebd., S. 7f.

eröffnet jedem, der mit ihren Texten arbeitet, Räume, Interpretationsräume“[17], schreibt Danielle Jung, die in ihrer Interviewcollage unterschiedliche Theaterschaffende über die Arbeit mit Jelineks Werken befragt. Es ist eine besondere Herausforderung für den Künstler, die durch den konzeptuellen Überbau der Texte geschaffen wird. So formuliert der Regisseur Nicolas Stemann:

> „Diese Texte wollen mehr, als nur gelesen und vielleicht analysiert werden. Sie wollen benutzt, beschmutzt, bekämpft und umworben werden. Das ist im Rahmen einer Theaterinszenierung möglich – und nur da.“[18]

Da bei Jelinek dramatische Strukturen, beispielsweise Dialoge und Handlung, aber auch die Darstellung konkreter Figuren obsolet sind, wird die Auseinandersetzung mit der Sprache zum zentralen Moment ihrer Werke. Es finden sich vor allem „Demonstrationen von Diskursen“[19] wieder wie etwa über Ökonomie, Mythendekonstruktionen oder feministische Fragestellungen, wobei die Figuren als entindividualisierte Sprecherinstanzen fungieren. Vor allem in Jelineks späteren Theatertexten ist eine deutliche Trennung zwischen dem sprechenden Körper (die Figur) und dem Gesagten (der Text) zu konstatieren.[20] Dadurch werden dem Theater der performativ-körperliche Aspekt und damit die Nachahmung von Realität abgesprochen. Anstelle von konkreten Figuren treten monologische und chorische Textblöcke, mit denen traditionelle Sehgewohnheiten im Theater gebrochen werden. Durch die Überpräsenz und Dominanz der Sprache ist Jelineks theatraler Raum, den sie in ihren Texten entwirft, nicht primär als ein optischer, fassbarer und darzustellender konzipiert, sondern als ein vorrangig akustischer. Durch die Sprach- und Wörterflut entsteht ein Hör-Ereignis, das zu kognitiven Auseinandersetzungen mit den thematisierten Sujets einlädt. In einem Essay nannte Jelinek ihre auditiven Gebilde „Sprachschablonen“[21], die an die Stelle von identifizierbaren und mit Individualität ausgestatteten Figuren[22] treten. So schreibt sie in *Ich will kein Theater. Ich will ein anderes Theater*:

> „Sie [die Figuren] sollen nicht den Eindruck erwecken, als seien sie Menschen mit einem Denken, entsprechendem Gefühlsleben und dazu passendem Sprechen. Der Schreibprozeß besteht nicht darin, zuerst eine Figur zu finden, der etwas zugeordnet wird wie in der

17 Jung 2014, S. 97.
18 Stemann 2006, S. 68.
19 Fliedl 2013, S. 56.
20 Vgl. Annub 2010, S. 50.
21 Jelinek 1989, S. 143.
22 Vgl. Annub 2010, S. 51.

> psychologischen Dramatik, der Vorgang verläuft umgekehrt. Nicht eine Person oder sechs Personen suchen einen Autor, sondern das Sprechen sucht eine Hülle."[23]

Demzufolge wird die traditionelle Trias Text-Figur-Schauspielkörper aufgelöst, da weder der Text zu einer klar gezeichneten Figur zugehörig ist, noch die Schauspieler auf der Bühne „konkrete" Figuren darstellen, da Jelinek „dem Körper die konturierbare Hülle einer sprechenden Figur"[24] entzieht. Die Textblöcke bewirken, dass das Denken durch das im Theater entstehende klangliche Ereignis „aus den rein abstrakten-rationalistischen Dichotomien (Geist/Körper, gut/böse, männlich/weiblich) [gelöst] und [...] mit psychoanalytischen Begriffen im Sinne der Anthropologie des dezentralistischen Subjekts"[25] zusammengeführt wird. Fernab von plastisch-visuellen Raumkonzepten und traditionellen Darstellungsmöglichkeiten im Theater eröffnet Jelinek in vielen ihrer Texte eine akustische Raumebene, einen „*Hör-Raum*"[26] wie ihn Petra Meurer nennt, der durch eine teilweise zusammenhanglose, aber vor allem metaphorische Sprache von körperlosen Figuren und Stimmkonglomeraten zum Klingen gebracht wird.

Wie Jelineks jeweilige Hör-Räume konkret gestaltet sind und durch welche sprachlichen Mittel sie zum Träger von Bedeutung und Aussage werden, soll im Folgenden anhand von zwei Theatertexten veranschaulicht werden: *Ein Sportstück* von 1998 und *Die Kontrakte des Kaufmanns*, das 2009 zur Uraufführung kam.

Die Stimmen der sportiven Menschenmassen: Jelineks Hör-Raum in *Ein Sportstück*

Ein Sportstück setzt sich mit der Kultur und den Dynamiken des modernen Sports auseinander und stellt ihn als ein Phänomen dar, welches die Gesellschaft in Täter und Opfer, Jung und Alt, Gewinner und Verlierer sowie Männer und Frauen unterteilt. Wer nicht der Ideologie des Sports folgen will oder ihr nicht folgen kann, wird gnadenlos mit Gewalt und Brutalität bis hin zum Tod bestraft. Nur der Profit der Gruppe ist von Relevanz, die sich zumeist aus identitäts- und meinungslosen Mitläufern zusammensetzt:

> „Was die Menschen in ihrer Liga, in ihrem Verein nicht wissen, ist, daß sie ihren Beobachtungen ja gar nicht mehr trauen können, falls sie sie in der Gruppe gemacht haben. Na, macht nichts, dafür haben sie ja ihn, den Schiedsrichter."[27]

---

23 Jelinek 1989, S. 152.
24 Annub 2010, S. 54.
25 Lücke 2008, S. 15.
26 Meurer 2006, S. 111.
27 Jelinek 2004, S. 142.

Totalitäre Phänomene wie Mitläufertum oder Obrigkeitstreue werden mit Begriffen aus dem Sport beschrieben. Durch diese zunächst auf sprachlicher Ebene entstehende Kohärenz werden die manipulativen Dynamiken, die beiden Gebieten immanent sind, auch auf inhaltlicher Ebene aufgedeckt.

Jelinek seziert in diesem Theatertext die unterschiedlichen Funktionen des Sports und diskutiert bzw. diffamiert seine gesellschaftliche Bedeutung. Schon im Prolog – vorgetragen durch die autobiographische Züge annehmende Figur der Elfi Elektra – wird der Sport als ein diskursives Produkt politischer, religiöser, sozialer und medialer Praktiken vorgestellt. Elfi Elektra schließen sich weitere Figuren an, wie etwa „die Frau", „der Schläger" oder „ein Anderer", die über den Sport als ihren primären Lebensinhalt monologisieren. Die Stimmen sind dabei vielfältig: einige huldigen und prahlen, protzen vor Stolz und heizen sich in ihrem Sportwahn immer weiter an. Andere wiederum klagen über an den Sport verlorene Söhne oder über die teilweise tödlichen Konsequenzen massiver Leibesübungen. „Ich bin der Andreas von der Pack, guten Tag. Ich tue mir jetzt, da ich tot bin, schon ein bißchen leid. Ich habe so nachhaltig und so sorgfältig an mir herumgebessert und jetzt das!"[28] Der schwarze Humor, der Andis Worten zu Grunde liegt, arbeitet einer Identifikation mit der Figur entgegen, ohne jedoch den kritischen Gehalt zu mildern. Das tragische Schicksal des Sportlers wird mit einer ironischen Doppelbödigkeit dargestellt und ins Groteske gezogen, da kein wahrhaft trauernder Angehöriger den Verlust des Sportlers beklagt, sondern der Tote selbst über die letztendlichen Folgen seiner körperlichen Selbstausbeutung lamentiert.

Durch die Aussagen der einzelnen Figuren, die sich etwa durch Zynismus, hyperbolische Sprache oder Ironie charakterisieren, entsteht das gesellschaftskritische Bild einer strikt leistungsorientierten Welt, in der der Sport den Status eines religiös-fanatischen Kults eingenommen hat. Gesundheitsförderung ist zu Körperwahn ausgeartet und mäßige Freizeitbeschäftigung zu kollektivem Leistungsdruck. Der Sport wird als ein göttergleiches Machtinstrument präsentiert, das die soziale Ordnung durch strenge Regeln, zwanghafte Normbedingungen und gnadenlose Verbote steuert. Ein thematischer Schwerpunkt wird auf die Zusammenhänge zwischen der körperlichen (Gruppen-)Betätigung und dem Krieg als militärische und totalitäre Machtdemonstration gelegt. Dass diese beiden Diskurse seit der Antike miteinander in Verbindung stehen, zeigt Jelinek mit Figuren wie Achill oder Hektor, die als Sportler auftreten und von ihren Wettkämpfen

---

28 Ebd., S. 97.

berichten.[29] Wie tief die Logik und die Mechanismen des kulturell determinierten Massensports mit der Semantik des Krieges konform gehen, wird im Text mit Zitaten und sarkastischen Anspielungen beispielsweise auf die Zeit des Nationalsozialismus zum Ausdruck gebracht, in der der stählerne Männerkörper als Ideal unter anderem durch erste Bildmedien verbreitet wurde. „Dichtergedanken über den Krieg braucht dieser Weltcup-Führer heute nicht“[30], denn einzig der Körper steht im Mittelpunkt: „Wir wollen nichts mehr als den Körper!“[31] Demzufolge potenziert sich in *Ein Sportstück* die von Artur Pełka für Jelineks Oeuvre konstatierte Mutation des Geschlechtskörpers „zum Kollektiv- bzw. Nationalkörper, der sich zumeist mit dem sportiven (Massen-)Körper überlappt, welcher schließlich sein militant-gewalttätiges Potential entlarvt“[32]. Die Kritik am Sport wird demnach vor allem durch den Verweis auf den Krieg und den Faschismus deutlich und wird durch ironisierende Wortspiele und groteske Darstellungen zuspitzt: „Ich töte mit Essen auf Rädern, ich töte mit Wasser auf Kufen! Das Töten ist einfach mein Lieblingssport, bei dem sich Schweiß mit Blut und Exkrementen verbindet.“[33]

Getreu patriarchalen Strukturen stehen als dominante Sprecher des Sports Männerkollektive im Vordergrund, die sich durch Kampfeslust und den Hang zur Selbstbehauptung auszeichnen. Die Gegenfolie dazu bilden die Frauenstimmen, die sich weniger durch ihre sportliche Leistung, denn durch ihre Schönheit auszuzeichnen haben. Auch in diesem Punkt wird noch einmal deutlich, dass die leeren Körper in *Ein Sportstück* als verbindendes Glied der „teilweise disparat erscheinenden Themen“[34] fungieren und zu ihrem Sprachrohr werden. Unter den vielen identitätslosen, flachen Figuren stechen vor allem zwei Stimmen hervor. Zum einen Andi, der seinem sportlichen Idol bis zum Tode nacheiferte,[35] zum anderen der Chor, in dem der diskursive Charakter des Sports sein körperliches Abbild erhält. In der Instanz des Chores laufen bei Jelinek unterschiedliche Figuren, Stimmen und Meinungsbilder zusammen. Der Chor ist die tötende Masse und das unterlegene Opfer zugleich. Im Gegensatz zum Theater der Antike, in welchem der Chor die kommentierende Position einnahm, wird die Masse bei

29 Vgl. Meurer 2006, S. 133.
30 Jelinek 2004, S. 28.
31 Ebd., S. 29.
32 Pełka 2013, S. 297.
33 Jelinek 2004, S. 85.
34 Meurer 2006, S. 117.
35 Jelinek spielt hier auf den österreichischen Bodybuilder Andreas Münzner an, der 1996 an multiplem Organversagen als Folge jahrelangen Dopings durch Medikamente und Anabolika starb.

Jelinek zur „postmodernen Diskursformel gegen eine Vorstellung des Individuums“[36]. Im Chor als Verkörperung der Menschenmenge zeigt sich, was für alle weiteren Figuren ebenfalls gilt: Sie sind keine „konflikt- und handlungsfähige[n] Personen“[37], sondern Körper, die dazu dienen, den Text zu verbalisieren und somit der Sprache ihre Plattform zu geben. Dementsprechend stellt Meurer fest:

> „Das paradoxe Wechselspiel zwischen Abwesenheit des Figurenkörpers und der zentralen Präsenz des Schauspielkörpers konstituiert somit die Theaterästhetik Elfriede Jelineks. Besonders ‚Ein Sportstück' entwirft so einen theatralen Ort, der keine (traditionelle) visuelle Struktur zur Basis hat. Auf der Bühne gibt es nichts zu sehen, vielmehr gibt es etwas zu hören.“[38]

So bilden in *Ein Sportstück* vor allem die Menschen als Masse in ihren unterschiedlichen Erscheinungsformen – etwa als Sportler, Soldaten, Hooligans, politische Mitläufer – einen Hör-Raum, in dem der moderne Körperkult als kriegsähnliches Szenario zum Klingen gebracht und als brutales und todbringendes Machtinstrument entlarvt wird. Die Aussage des Textes findet dabei auf akustischer Ebene in den tönenden Kollektiven ihre Entsprechung und Verstärkung.

Die Kontrakte des Kaufmanns: Jelineks sprachlich-musikalische Dekonstruktion der Wirtschaftssprache

In der Wirtschaftskomödie *Die Kontrakte des Kaufmanns* lässt sich eine ähnlich akustische Raumgestaltung konstatieren, wobei im Gegensatz zu *Ein Sportstück* Kollektive aus dem Wirtschaftssektor zu Wort kommen, die in chorischen Passagen über die Risiken, Tücken und Tragödien spekulativer Finanzgeschäfte räsonieren. Als realer Hintergrund für ihren Theatertext, der 2009 am Kölner Schauspielhaus uraufgeführt wurde, dienten Jelinek die Skandale österreichischer Banken, die mit teilweise kriminellen Finanzgeschäften viele Kleinanleger in den Bankrott trieben. So inspirierten unter anderem der heuchlerische Geschäftsbrief der Meinl-Bank aus dem Jahre 2006 sowie die von der Meinl-Bank getätigte Bildung von „Tochter- und Derivatunternehmen unter gleichem Firmennamen, die ausgelagerte Risikoaktivitäten mit beschränkter Haftung ermöglichten“, die Autorin zu ihrem Theatertext über die Machenschaften der Wirtschaftskonzerne. Bemerkenswert ist, dass Jelinek mit der Arbeit an *Die Kontrakte des Kaufmanns* noch vor dem eigentlichen Ausbruch der ersten Finanzkrise des 21. Jahrhunderts

---

36 Meurer 2006, S. 122.
37 Ebd.
38 Ebd., S. 157.

begann, die ausgehend von der Pleite der Lehman Brothers Bank weltweit verheerende Folgen nach sich zog.[39]

Im Zentrum von Jelineks Hör-Raum steht die Sprache der Finanzwelt, die auf vielfältige Weise dekonstruiert wird und damit die Wirtschaft als ausbeutendes, gieriges und manipulatives System vorführt. Als herausstechendes akustisches Gestaltungselement fungiert wie in *Ein Sportstück* auch in *Die Kontrakte des Kaufmanns* der Chor, der hier jedoch in zwei Lager – „als Nachklang des antiken Doppelchores“[40] – aufteilt wird: der Chor der Kleinanleger und der Chor der Greise, der sich aus Managern, Bankern und Krisengewinnern zusammensetzt.[41] Die Mächtigen der Finanzwelt und die Profiteure der Krise übertönen als Antagonisten die Verlierer, wobei das Machtgefälle zwischen den beiden Parteien bereits durch die jeweils zugewiesene Textmenge deutlich wird: „78 Seiten Banker stehen 15 Seiten Kleinanlegern gegenüber.“[42] Darüber hinaus schlägt sich auch in der Wortwahl nieder, wer trotz aller Verluste immer noch Gewinn erzielt. Denn im Gegensatz zum Chor der Greise, der zwar feststellt: „Der Börsenkurs ist gefallen, weh, weh, weh! Uns ist das zwar egal, aber vielleicht unseren Kunden nicht“[43], kämpfen die Kleinanleger um ihre Existenz:

> „[U]nd wohin haben wir jetzt gegriffen? Bestenfalls ins Nichts, doch auch an das Nichts sind noch Forderungen gestellt, und wenn das Nichts uns endlich bezahlen möchte, weil es muß, weil das eine Nichts, das wir haben, uns zwingt, das andere Nichts, das wir sind, zu vernichten, [...] denn das Nichts ist bereits gebraucht, wer soll Ihnen dafür noch was geben?“[44]

Beiden Zitaten sind Wortwiederholungen gemein, die jedoch unterschiedliche Wirkungen haben. Denn wo das zweimal wiederholte Wehklagen der Greise eher floskelhaft als leidend wirkt, wird das „Nichts“ der Kleinanleger mehrfach semantisch aufgeladen, etwa als Leere, als individuelle Eigenschaft und als finanzieller Status, was das Leid der Gebeutelten verstärkt.

Doch obwohl die Grenzen zwischen den Profiteuren und den Verlierern klar gezogen sind, widerstrebt der Theatertext einer klaren Täter-Opfer-Binarität. Es gibt keinen einzelnen und eindeutigen Sündenbock, jedes Mitglied der Gesellschaft – auch der Leser bzw. Zuschauer – trägt Schuld und damit auch Verantwortung

39 Vgl. Bloch 2014, S. 55.
40 Schößler 2014, S. 74.
41 Vgl. Bloch 2014, S. 56.
42 Ebd., S. 57.
43 Jelinek 2012, S. 232.
44 Ebd., 220.

an der wirtschaftlichen Misere. So wird weder nur die Meinl-Bank als Einzeltäter dargestellt, noch werden die Kleinanleger als schamlos ausgenutzte Kunden gezeigt. „Vermittelt wird vielmehr der Eindruck eines geschlossenen Systems, in das Kleinanleger ebenso verstrickt sind wie Banker."[45] Denn nicht nur die Übermacht der Banken, sondern auch die Naivität der Kleinanleger fördert den kapitalistischen Kreislauf: „Wir kaufen diese Papiere trotzdem, denn sie haben uns in trügerischer Sicherheit gewiegt, uns schreiende Babys, die in ihren Wickelbanden schreien, aber nicht loskommen von sich."[46] Dabei ist das verbindende Glied zwischen Kleinanlegern, Managern und Bankern, das auch den Hauptmotor für Risikobereitschaft und Leichtgläubigkeit auf der einen und für Korruptheit und Skrupellosigkeit auf der anderen Seite bildet, die Gier nach Rendite, von der alle getrieben werden.[47] Bloch stellt dazu fest, dass die meisten Betroffenen „sich selbst die Schuld an ihren Spekulationsverlusten [geben], ohne das Finanzsystem in Frage zu stellen"[48]. Denn der Dreh- und Angelpunkt der Wirtschaft, das Geld, ist zu einer Ersatzreligion geworden, die von allen Akteuren des Finanzsektors unhinterfragt glorifiziert und vergöttert wird („Geld unser Gott"[49]), ähnlich wie Jelinek den Sport in *Ein Sportstück* darstellt. Der religiöse Diskurs des Geldes wird mit wiederkehrenden Verweisen auf die Bibel – „das Wort war bei Gott, nicht bei Ihnen wohlgemerkt"[50] – und mit Begriffen und Formulierungen offengelegt, mit denen Banken, Kunden sowie Finanz- und Geldgeschäfte beschrieben werden. Mit den Engeln der Gerechtigkeit und der Ungerechtigkeit, die nach den beiden Chören zu Wort kommen, wird das religiös aufgeladene Sprechen über die Finanzwelt fortgesetzt: „[D]ie Wege des Herrn sind unergründlich, die Weges unseres Geldes auch"[51], wobei bei den Engeln und bei den Chören stets auch „eine Entleerung des Religiösen durch groteske Entstellung und dumpfe Wiederholung"[52] stattfindet.

Trotz aller in dem Text vorkommenden menschlichen Kollektive ist der Protagonist dieser Wirtschaftskomödie das Geld selbst, über das fortwährend diskutiert, lamentiert, geschimpft und sich amüsiert wird. Zudem greift Jelinek den Duktus von Bankenreklame auf, in dem „auf das Geld Leichtigkeit, Unbeschwertheit und Gute-Laune-Stimmung [übertragen wird], die dem Anleger einen ‚gesunden Kurs'

45 Schößler 2014, S. 74.
46 Jelinek 2012, S. 223.
47 Vgl. Bloch 2014, S. 65.
48 Ebd., S. 58.
49 Jelinek 2012, S. 240.
50 Ebd., S. 239.
51 Ebd., S. 303.
52 Bloch 2014, S. 68.

suggerieren soll"[53]. Jelinek stellt die manipulativen Strukturen des Systems zur Schau und verstärkt die heuchlerische Verharmlosungsrhetorik der Wirtschaftsunternehmen zusätzlich durch groteske Personifizierungen des Geldes. So wird das Bedeutungsfeld des Gelds beispielsweise mit Tourismus und Freizeitaktivitäten sowie Unbekümmertheit und Freude aufgeladen. „Wenn wir uns nicht melden für eine Arbeit, die eigentlich Sie hätten übernehmen sollen, die Verwaltung Ihres Geldes, das jetzt bei uns ist und Ferien macht auf der Insel, Spiel, Spaß, Sport, Beachvolleyball, voll rein."[54]

Mit der Sprache kreiert Jelinek einen Spiegel der Finanzwelt, der jedoch nicht ein genaues Abbild des Originals produziert, sondern das manipulative System noch einmal verzerrt und damit ad absurdum führt. So vollzieht sich die Dekonstruktion der Wirtschaftssprache etwa über einen „euphemistischen Sprachgebrauch der Finanzwelt"[55] mit beispielsweise ironisierenden Neologismen wie „Minus-Wachstum", „Verluste besitzen" und „Gewinnwarnungen". Die Sprache passt sich zudem den Geldbewegungen an und gerät durch „groteske Verschraubung gegensätzlicher Sprechweisen und [...] kontinuierlichen semantischen Richtungswechsel"[56] analog zur Finanzwelt immer mehr außer Kontrolle. Dabei verhindert das teilweise entstehende Wörterchaos nicht nur ein durchgehendes Verständnis des Textes, sondern es spiegelt eben auch die undurchdringlichen Zusammenhänge in der Finanzwelt wider[57], die für den Otto Normalverbraucher meist nicht in ihrer Gänze zu erfassen sind. So vollzieht sich laut Lücke in Jelineks Hör-Raum „ein orgiastisch-dionysisches Sprachspiel, ein sprachliches Enthüllungs- und Zerstückelungsspiel"[58], das den manipulativen Gehalt des ökonomischen Systems entlarvt.

Über die auf Assoziationen beruhende, dynamische Vorgänge widerspiegelnde und metaphorische Sprache hinaus wird der im Theatertext kreierte Hör-Raum auch durch die musikalische Komponente von Jelineks Sprache konstituiert, die bereits im Prolog zum Ausdruck kommt: „Ich spiele auf Ihnen wie auf einem Instrument, die richtigen Töne werde ich irgendwann schon aus Ihnen

53 Ebd., S. 61.
54 Jelinek 2012, S. 267.
55 Bloch 2014, S. 74.
56 Ebd.
57 Vgl. Ebd.
58 Lücke: *Ökonomische Gewalt und Oikodizee. Elfriede Jelineks Die Kontrakte des Kaufmanns. Eine Wirtschaftskomödie*, 9. unter: www.vermessungsseiten.de/luecke/jelinek3.pdf [Stand 17.9.2015]

herausbekommen."[59] Die Tätigkeit des Musikers, dem es mit der Zeit durch kontinuierliches Üben gelingen wird, sein Instrument zu beherrschen, verwendet Jelinek als Bild für die Manipulation und Augenwischerei der Wirtschaftsinstitute, bei denen der Kunde zum Spielball wird. Doch auch über diese Metapher hinaus ist *Die Kontrakte des Kaufmanns* ein durch und durch musikalisches Stück, in dem beispielsweise der Chor der Werktätigen aufgerufen wird zu singen[60] oder durch die Engel, die für den „Herrn ein kleines Lied, ein seliges Lied"[61] erklingen lassen.

Bei der Uraufführung setzte Nicolas Stemann in seiner Inszenierung gerade einen Fokus auf die im Theatertext angelegte musikalische Komponente und machte „den Text zu einem Konzert"[62], zu einem musikalischen Happening. Nicht nur Jelineks Sprache bildete bei Stemann das Hör-Ereignis, sondern auch komplexe Klanggebilde, die durch die Schauspieler/innen, durch Einspielungen und technische Hilfsmittel kreiert wurden. So sprach, rappte und sang die „schnelle theatrale Eingreiftruppe"[63] wie sie Stemann nannte, ihre chorischen Passagen teilweise in verzerrende Mikrophone und variierte beim Sprechen mit Dynamik und Rhythmik. Dabei wurden sie etwa von Livemusik und von Erik Satie-Einspielungen begleitet, wobei Letztere „den sentimentalen Gestus des Selbstmitleids"[64] der Kleinanleger verdoppelten. Stemann sprengte aber auch den eigentlich (klanglich) begrenzten Raum des Theaters, ließ die Türen des Zuschauerraums geöffnet und übertrug das Bühnengeschehen über Lautsprecher und Bildschirme ins Foyer. Der Regisseur erweiterte damit den im Nebentext erwähnten Vorschlag: „Man kann das [den gesprochenen Text der Schauspieler] auch aufnehmen und die Toiletten oder die Garderobe damit beschallen, egal ..."[65]

Fazit

Sowohl *Ein Sportstück* als auch *Die Kontrakte des Kaufmanns* erweisen sich als vorrangig akustische Theatertexte, in deren Zentrum die Sprache steht. Auf dieser Ebene vollziehen sich Gesellschaftskritik und die Demonstration von Diskursen. So werden die Kultur des Sports und das Wirtschaftssystem mit unterschiedlichen sprachlichen Mitteln wie Ironisierungen, Euphemismen oder Personifizierungen

59 Jelinek 2012, S. 211.
60 Vgl. ebd., S. 310.
61 Ebd., S. 332.
62 Schößler 2014, S. 80.
63 Lücke 2008, S. 6.
64 Schößler 2014, S. 80.
65 Jelinek 2012, S. 210.

dekonstruiert und vorgeführt. Jelineks subversive Sprachverfahren entlarven manipulative Wirtschaftsstrukturen, die Korruptheit ökonomischer Systeme, gesellschaftliches Mitläufertum und das Massenphänomen des Sportes als kriegsähnlichen Zustand. Gerade weil sich Jelineks postdramatische Theatertexte den Traditionen des konventionellen Theaters entgegenstellen, ihre Figuren als körper- und identitätslose Gestalten angelegt sind, die primär als Sprachrohr des Textes fungieren und sich ihre Texte durch das Konzept der Co-Autorschaft einer klaren Vorstellung von Raum und Figuren entziehen, wird das klangliche Ereignis zum Hauptgestaltungsmerkmal, aber auch zum primären Träger der Aussage.

> „Den Wunsch, Leben zu erzeugen auf dem Theater, der fast alle Schriftsteller angezogen hat, lehne ich ab. Ich will genau das Entgegengesetzte: Unbelebtes erzeugen. Ich will dem Theater das Leben austreiben. Ich will kein Theater! [...] Ich will, wenn ich überhaupt noch für das Theater schreibe, ein anderes Theater."[66]

Jelineks Theaterschaffen zeichnet sich in der Tat durch die Abwesenheit des Körpers aus und widerstrebt damit einer Nachahmung von Realität, aber es erzeugt dennoch Leben. Denn gerade ihren Hör-Räumen lässt sich eine lebhafte Komponente entnehmen, die den Raum durch Wörterflut, Sprachspiele, metaphorische Klanggebilde und Sprachmelodien zum Klingen bringt und akustisch ausfüllt.

66 Jelinek 1989, S. 153.

Joanna Gospodarzyk

„The Drama in the head" die Charakteristik des Raumes in Martin Crimps *Fewer Emergencies*

Martin Crimp, „der Lieblingsbrite der Deutschen", entwirft in einigen seiner Texte eine besondere Konzeption der Räumlichkeit, die er „Drama in the head" nennt. Durch den Verzicht auf die mimetische Art der Darstellung und die in Dialogen erzählte Handlung lässt der Dramatiker dank der performativen Funktion von Sprache einen imaginierten Raum entstehen. Einen Raum, der nur im Bewusstsein des Zuschauers wirkt und keinen Bezug auf die Bühne nimmt. Die Verfremdung der ikonischen Präsenz auf der Bühne vergrößert zusätzlich die benutzte Perspektive von „Spiel im Spiel". Der Beitrag versucht die besondere Art der Räumlichkeit, in den drei kurzen Stücken mithilfe von Raumbegriffen von Fischer-Lichte und Pavis zu erläutern. Anhand der Analyse der Dramentexte werden Voraussetzungen für die Entstehung der Räume näher besprochen.

Der britische Dramatiker Martin Crimp bezeichnete in einem Interview einige seiner Stücke als „drama in the head", bei welchen der Denkprozess selbst, der Akt des Erzählens der Geschichte, dramatisiert ist und der dramatische Raum dem mentalen Raum gleicht.[1] Diese Art der Dramenkonstruktion setzt andere Wahrnehmung der Räumlichkeit im Theater voraus. Gemeinhin wird die Bühnenhandlung genutzt, um das dramatische Geschehen für das Publikum zu entfalten. Eine Bühnenhandlung ist bei den Stücken von Crimp nicht gegeben, was ihre räumliche Realisation auf der Bühne unter veränderte Bedingungen stellt. Das szenische Geschehen, realisiert vor allem auf der akustischen Ebene, verfremdet die Empfindung des Dramatischen. Die dramatische Handlung findet in der Vorstellung des Rezipienten statt. Die Wirkungskraft der Stücke von Crimp bleibt trotzdem so stark, dass sie in den Rezensionen als gespenstisch, verunsichernd und beängstigend bezeichnet werden.[2]

1 Escoda Augusti 2013, S. 115.

2 http://www.falkrichter.com/DE/work/performance/33/ (abgerufen am 6.01.2017) http://www.berliner-zeitung.de/archiv/-weniger-notfaelle--von-martin-crimp--die--system--werkstatt-in-der-schaubuehne-das-phaenomen-amok,10810590,10164070.html (abgerufen am 6.01.2017)

Rezeptionsgeschichte

Der zeitgenössische Autor und Übersetzer Martin Crimp erfreut sich außer der stabilen Position auf dem britischen Theatermarkt auch großer Resonanz auf den europäischen Bühnen darunter den deutschsprachigen. Dank der sehr erfolgreichen Inszenierung seines Stückes „Alles Weitere kennen Sie aus dem Kino" von Katie Mitchell, als Weltpremiere im Schauspielhaus Hamburg, wurde er zum „Lieblingsbriten" der Deutschen Theater ernannt (*Die Welt* 06.12.2013).

Martin Crimp spiegelt in seinen Stücken die mittelständische Gesellschaft wider, auf eine nüchterne und minimalistische Art und Weise zeichnet er ihr verzehrtes und satirisches Bild. Die besondere Konstruktion der Dramen *Attempts on Her Life* (1997) [dt. *Angriffe auf Anne*], *Fewer Emergencies* (2002, 2005) [dt. *Weniger Notfälle*] und zum Teil auch *In the Republic of Happieness* (2012) [dt. *In der Republik des Glücks*] eröffnet interessante Möglichkeiten der Wahrnehmung von Räumlichkeit in der Trennung zwischen dramatischem Handlungsraum und Aspekten der auf der Bühne performativ entstehenden Räumlichkeit, was im Folgenden näher beleuchtet wird.

Fewer Emergencies ist ein Dramentriptychon, das in der Druckfassung 2005 im Verlag Faber and Faber (London) veröffentlicht wurde. Seine einzelnen Teile *Whole Blue Sky, Face to the Wall* und das Titelstück *Fewer Emergencies* sind aber in anderer Reihenfolge entstanden.

Die deutsche Übersetzung des zweiten und dritten Dramas (*Gesicht zur Wand* und *Weniger Notfälle*) wurde zusammen mit anderen Stücken im Band *Auf dem Lande* im Rowohlt Taschenbuch Verlag bereits 2003 veröffentlicht. Als erstes wurde das Stück *Face to the Wall* niedergeschrieben. Es hatte seine Premiere 2002 in Royal Court Theatre gleichfalls in der Regie von Katie Mitchell. Unter dem Text von *Fewer Emergancies* steht das Datum 10. September 2001, ein Tag vor den Angriffen auf das WTC in New York. Als letztes entstand das Stück *Whole Blue Sky*. Das Triptychon wurde 2005 in Royal Court unter der Regie von James Macdonald uraufgeführt. Auf deutschsprachigen Bühnen wurde es 2004 in der Berliner Schaubühne unter der Regie von Falk Richter als Teil seines Projektes *System 3 AMOK* gezeigt. Eine zweite deutschsprachige Aufführung fand 2006 im Wiener Burgtheater unter Federführung von Friederike Heller statt. In den letzten Jahren befand sich das Stück auch auf dem Spielplan des Theaters in Koblenz (2010).

Die drei kurzen Dramen knüpfen zum Teil durch dieselben Namen des Protagonisten Bobby im ersten und dritten Stück aneinander. Thematisch beziehen sich alle drei Stücke auf das familiäre Leben in der Mittelschicht und thematisieren die Folgen der Verlogenheit, der Machtspiele und der Geldgier dieser Gesellschaftsgruppe. Gemeinsamkeiten weisen die für eine Spieldauer von einer

Stunde gedachten Stücke in ihrer außerordentlich minimalistischen Form auf, die mit dem früheren Stück von Crimp *Attempts on Her Life* korrespondiert. Bei *Fewer Emergencies* werden weder Personen, noch Zeit und Ort der Handlung festgelegt. Drei oder vier Stimmen erzählen die Geschichten. Vom Autor wird nicht vorgeschrieben, mit welcher szenischen Situation der Leser oder Zuschauer konfrontiert ist. Zudem bleibt die Anteilnahme aller Figuren an dem Geschehen unklar. Sind die mit Nummern bezeichneten Stimmen Zeugen der Ereignisse über die sie berichten oder entwerfen sie, im Moment des Sprechens, die Geschichte, wie ein Skript für einen Film oder eine Theatervorstellung. Die Struktur der Dialoge verrät keine eindeutige Lösung dieser Frage, man kann die Stimmen als drei, manchmal vier Erzähler einer gemeinsamen Geschichte betrachten. Die Ereignisse werden im Akt des Erzählens ins Leben gerufen. Man kann also die performative Funktion der Sprache an den Dialogen beobachten. Die beschriebene Handlung findet damit kein Äquivalent auf der Bühne. Die Stimmen vergegenwärtigen sich und damit dem Zuschauer die Situation, die nur durch die Sprache realisiert wird. So entsteht die Frage nach der räumlichen Organisation der Stücke. In aller Kürze werden hier wichtige Aspekte der Räumlichkeit für das Theater mit Berücksichtigung ihrer Rezeption skizziert.

Dramatischer Raum vs. szenischer Raum

Patrice Pavis weist im *Wörterbuch des Theaters* auf den Unterschied zwischen dem dramatischen Raum und dem szenischem Raum hin. Der dramatische Raum wird vom Leser anhand der im Text enthaltenen Angaben rekonstruiert und imaginiert. Seine Gestalt ist vom Inhalt des Textes und von der Vorstellungskraft des Lesers abhängig.[3] Dadurch, dass es ein fiktiver Raum ist, gleicht er in seinem Status dem Raum in anderen literarischen Texten. Das heißt, er enthält Leerstellen, die durch den Leser ergänzt werden müssen. Der szenische Raum ist eine Konkretisierung des dramatischen Raumes. Er ermöglicht das Geschehen auf der Bühne zu präsentieren und ist ein Kernstück der Inszenierung. Die Wahrnehmung des theatralen Ereignisses durch den Zuschauer baut auf der Materialität der Inszenierung auf. Die Materialität wird durch die Räumlichkeit, Körperlichkeit, Lautlichkeit und Zeitlichkeit der Aufführung konstituiert.[4] Wie Fischer-Lichte bemerkt, werden die Elemente der Materialität immer häufiger von Kontexten der Handlung isoliert. Infolgedessen können sie als desemantisiert fungieren oder ganz im Gegenteil können sie neue Kontexte eröffnen. Diese Tendenz bei der

---

3 Pavis 1998, S. 400–401.

4 Fischer-Lichte 2004a, S. 128ff.

Inszenierung verschiebt die Sinngebung und Konstruktion der Bedeutung des Stücks auf die Zuschauer, unterstreicht also die aktive Rolle des Zuschauers im Prozess der Rezeption.[5]

Räumlichkeit ist demnach mit der Theatralität eng verbunden. Beide lassen sich durch Körperlichkeit und mediale Systeme einerseits entfalten und andererseits beschreiben. Der Bühnenraum wird unter anderem durch Bühnentechnik, Wahrnehmungs- und Beleuchtungsapparaturen, Bilder und Bühnenform als seine materiellen Gestaltungsmöglichkeiten gekennzeichnet. In Zusammenhang mit dem Raum tritt auch die Körperlichkeit auf, ausgedrückt durch Materialität der Stimme und Körperbewegung der Schauspieler. Als weiteres Element fungiert die Wahrnehmung, verstanden als Relation zwischen dem Bühnenraum und Zuschauerraum.[6] Der szenische Raum konstituiert sich in den Bewegungen der Schauspieler, die bestimmte Handlungsräume aktualisieren und semantisieren.[7] Es entsteht dabei die Frage, wie Kramer und Düne bemerken, ob die Semantisierung des Handlungsraums alleine durch den phänomenalen Körper des Schauspielers oder durch seine Verkörperung der Figur entsteht und gleichzeitig eine Semiotisierung des Körpers anregt. In der Ästhetik des Performativen plädiert Fischer-Lichte für die Selbstreferentialität der theatralen Elemente, darunter des Körpers, also für die Betonung ihrer Materialität. Dabei wird die „phänomenale" Bedeutung der Objekte wahrgenommen – sie bedeuten das, was sie sind. Das verlangt aber eine bewusste Wahrnehmung des Zuschauers. Fischer-Lichte ordnet dieses Phänomen der Wahrnehmung als Element der autopoietischen feedback-Schleife zu. Die physische Körperpräsenz ist in der Theorie der Theaterwissenschaftlerin eine Voraussetzung für die Konstruktion des Raumes in der Aufführung. Deshalb wirkt sich diese durch den Körper entfaltete Räumlichkeit auf die Zuschauer aus und trägt zur Entstehung ihrer leiblichen Kopräsenz mit dem Schauspieler bei.[8]

Das Drama *Fewer Emergencies* schreibt sich durch einige Aspekte in die oben dargestellte Argumentation ein. Der szenische Raum wird, nach den Voraussetzungen des Textes, von drei oder, wie bei *Face to the Wall,* vier Figuren bestimmt und vor allem durch ihre Stimme und körperliche Präsenz erzeugt. Durch die minimalistischen Bedingungen des Dramas in Bezug auf den Bühnenraum können die Körperlichkeit und Lautlichkeit der Figuren bewusst als selbstreferenziell wahrgenommen werden. Die „zweite Ebene" der Wahrnehmung des Bühnenraumes – die Bedeutungszuschreibung erfolgt durch die Inszenierung, die vom

5 Ebd. S. 243f.
6 Kramer 2009, S. 16f., Fischer-Lichte 2004a, S. 187f.
7 Ebd. S. 21.
8 Fischer-Lichte 2004a, S. 188 ff.

Regisseur des Stücks abhängig ist und die Wirkung der Aufführung verstärkt. Als Beispiele dafür dienen die am häufigsten kommentierte Inszenierung von Macdonald, bei der durch Veränderung der Farbigkeit vom Licht die Atmosphäre gelenkt wird[9], oder die Aufführung der Gruppe Tristero mit Verwandlung der Figuren in Polizisten am „Tatort".[10] In Anlehnung an Pavis kann man also von zwei unterschiedlichen Ordnungen vom Raum in dem Drama von Crimp sprechen, dem dramatischen Raum und dem Bühnenraum. Gleichzeitig kann man die Behauptung von zwei getrennten Stücken wagen, einem auf der Bühne, erzeugt durch körperliche Präsenz, und einem zweiten realisiertem in der Vorstellungskraft der Akteure und Zuschauer. Im Kontext der Inszenierung kann es zur semantischen und semiotischen Verbindung zwischen den zwei Ebenen kommen, weil die Bühne eine bestimmte Aussage-Situation für den Text erschafft. Primär aber, vom Text des Triptychons her gesehen, dient das szenische Geschehen in *Fewer Emergencies* (samt Räumlichkeit) der Verfremdung und Distanzierung und gerade nicht der Vermittlung des Dramatischen. Ein vergleichbares Verfahren wird anhand des ähnlich strukturierten Stückes von Crimp *Angriffe auf Anne* sichtbar, indem im Nebentext vermerkt wird:

„Die Worte eines jeden Szenarios – die Dialoge – sollten einer klar erkennbaren Welt – dem Bühnenbild – gegenübergestellt werden, sodass seine Ironie am besten zur Geltung kommt."[11]

Durch die erzählte Handlung entsteht das Phänomen der Herrschaft des Textes und somit des dramatischen Raumes über das szenische Geschehen. Eine gewisse Ähnlichkeit mit der klassischen Auffassung des Dramas lässt sich dabei beobachten. Der Text dominiert das hintergründige szenische Geschehen.[12] Die anderen Bedingungen der aristotelischen Poetik des Dramas wie die Einheit des Ortes und der Zeit werden im Fall von *Fewer Emergencies* nicht eingehalten. Der vorrangige dramatische Raum hat für jedes der Kurzdramen des Triptychons seine eigene Spezifik. Jeder der Räume ist durch eigene Fiktion gekennzeichnet. Pavis unterstreicht, dass die Rezeption eines Stückes gleichzeitige Wahrnehmung von der Fiktionalität des Textes und des szenischen Geschehens voraussetzt. Die Fiktionalität des Textes bekommt im Fall von Crimps Drama primäre Bedeutung. Durch die Trennung von der Bühne und die Bezugnahme auf die Imagination entsteht keine materielle und keine ikonische Präsenz auf der Bühne. Mit der Sprache wird eine besondere Art der fiktiven Präsenz erzeugt. Der zeitweilig

9 Sierz 2013, S. 68.

10 https://www.youtube.com/watch?v=cij50MEFjsI (abgerufen am 10.09.2015)

11 Angriffe auf Anne, in: Crimp 2003, S. 114.

12 Pavis 1998, S 554.

ironische oder absurde Stil des Erzählens im Text von Crimp und seine Trennung in Stimmen zerstört die Illusion der gebauten Präsenz und verfremdet immer wieder die Handlung. Die Besonderheiten des dramatischen Raumes in dem Triptychon werden im Folgenden kurz dargestellt.

Besonderheiten des Raumes

Im ersten Stück *Whole Blue Sky* wird das Leben einer Frau skizziert. Die drei Stimmen tauschen Informationen über ihre Ehe und das familiäre Leben aus. Der Dialog wird im Präsens geführt, als wenn die Stimmen das sich gerade ereignende Leben und die Emotionalität der Frau von außen aus der auktorialen Perspektive beobachteten. Ergänzungen durch die Aussagen der Frau, vermittelt als direkte Rede, heben die Distanz zum Geschehen auf. Die Stimme 1 übernimmt dabei die führende Rolle, schildert die Handlungen und Gedanken der Frau. „Eins" scheint sich immer mehr mit der Person zu identifizieren bis sie zum Schluss in die Rolle eintaucht.

Die räumliche Gestaltung geschieht in diesem Stück durch die Beschreibung von Handlungen und Empfindungen. Es folgt keine Darstellung der Räume im eigentlichen Sinne. Ein Haus, ein Garten, eine Schule, Läden werden nebenbei erwähnt. Die imaginierte Handlung wird durch unwirkliche, absurde Bilder, die das scheinbar glückliche Leben der Familie darstellen, verfremdet. Sie tauchen auf als Begründung der Entscheidung der Frau in der unglücklichen Ehe zu verharren. Das auf satirische Art und Weise dargestellte „bequeme" Leben wird, wie später zusammengefasst wird, durch Geld, Besitz und Familie definiert.

> "1 Left? No. Why? Because of the Things he gets up to? Why? No. Why should she? Look at the floors. Look at the walls. Look at the way the dining table extends and extends right through the French doors and out under the Blue Atlas Cedar. Small lamps hanging in the branches and everybody's laughing: the doctors and nurses, the butchers and the musicians who have become their friends: work friends, boating friends, friends from school – parents – traders and craftspeople with exceptionally rare skills – the very same people in fact who designed and build then polished with their own hands this ever-lengthening table where everybody sits under the blue tree and laughs in a boisterous way – about all those things that make life worth living. Of course she is still there."[13]

---

13 Crimp 2005, S. 13.
Verlassen? Nein. Warum? Wegen der Sachen, sie er ausheckt? Warum? Nein. Warum sollte sie das tun? Schau auf die Räume. Schau auf die Wände. Schau auf die Art, wie sich der Esstisch ausdehnet und ausdehnt, durch die Flügeltür und weiter aus, unter die Atlas Zeder. Kleine Lampen hängen in den Ästen und jeder lacht: die Ärzte, die Krankenschwester, die Fleischer und die Musiker, die ihre Freunde geworden sind:

Die Kontakte, soziale Zugehörigkeit definieren den Raum, in dem sich die Figuren bewegen, sich miteinander treffen und lachen. Der sich immer weiter ausdehnende Tisch symbolisiert den Raum. Nun bleibt die Art und Weise, wie die Stimme 1 das Recht oder die Pflicht der Frau zum Lachen begründet, jedoch erschreckend. Der Preis für das nach außen gezeigte Glück ist Aggression und häusliche Gewalt. Die Verfremdung nimmt zu, wenn durch den Austausch der Stimmen gewiss wird, dass das einzige Kind – Bobby – fremde Stimmen hört, die ihn nicht schlafen lassen und dass es außer von dem Kind Bobby noch ein Haustier gibt, das denselben Namen trägt. Das Stück endet mit der beängstigenden Feststellung, die auf mögliche Störungen bei der Frau deutet, die selbst eine doppelte Identität zu besitzen scheint.

Das dritte Stück kann man insofern als Fortsetzung des ersten betrachten, in dem das Kind namens Bobby als Hauptfigur des Dramas auftritt. Es gibt noch weitere kleine Hinweise auf Gemeinsamkeiten zwischen den Stücken *Whole Blue Sky* und *Fewer Emergencies*, wie die Wendeltreppe im Haus oder die Eltern, die mit ihrem Boot segeln. Die räumliche Gestaltung in *Weniger Notfälle* basiert auf Kontrasten, die eine eigentümliche Vision der dargestellten Realität entwerfen. Der Text, besetzt wiederum durch drei Stimmen, bei denen die erste eine führende Rolle einnimmt, fängt mit dem Austausch der Feststellungen über die Verbesserung der allgemeinen Lage und der Helligkeit an. Die absurde Kommunikation besteht aus Feststellungen und Fragen, Bitten um Wiederholungen, was an die Brüche in den Dialogen des absurden Theaters erinnert. Dieses Motiv der Zufriedenheit mit der sich verbesserten Situation kehrt im Text immer wieder an den unpassendsten Momenten zurück, was eine ironische Wirkung des Textes erzeugt. Das erste Bild, mit dem der Leser konfrontiert ist, sind die Eltern von Bobby, die am Rande der Welt mit dem Boot segeln. Die Stimmen verwickeln sich in eine sinnlose Diskussion über die Formulierung und die Frage, was sich hinter dem Rand bzw. Saum der Welt befände, falls es den Rand überhaupt gäbe. Die beschriebene Situation zerstört die logische und rationale Weltordnung. Die weiteren Bemerkungen über die Verbesserung der Lage betreffen die Situation in der Nachbarschaft. Eine Gruppe Immigranten wurde durch die nächste

---

Arbeitskollegen, Segel Freunde, Schulfreunde – Eltern – Händler und Handwerker mit außerordentlich seltenen Fähigkeiten – dieselben Leute tatsächlich, die ihren Tisch entworfen, gebaut, dann mit ihren eigenen Händen poliert haben, diesen immer sich verlängernden Tisch, wo jeder unter dem blauen Baum sitzt und ausgelassen lacht – über alle diese Sachen, die das Leben lebenswert machen. Selbstverständlich ist sie immer noch da. [Übersetzung. J.G.]

ersetzt. Das aggressive Benehmen der Menschen verstärkt sich, was die satirisch – erschreckende Vision bestätigt.

> "1 Things are looking great. Things are improving. The whole neighbourhood is improving. The trees are more established, they've kicked out the Mexicans, they've kicked out the Serbs, people are finally cleaning up their own dog-mess, nice families are moving in.
>
> 1 Italians and Greeks?
> 2 Greeks, Italians, nice Chinese.
>
> 1 Nice Somalis, nice Chinese, really nice Kurds, really nice families who clean up their dog-mess and hoover the insides of their cars. And what's more they've invited the gene – no – correction – they've invited the sequence – that's right – of genes that make people leave burnt mattresses outside their homes and strangled their babies."[14]

Der Raum um das Haus der Familie ist von Menschen unterschiedlicher Nationalitäten bewohnt. Von den ehemaligen Immigranten wird abfällig gesprochen, von den neuen positiv, solange sie sich an die Sauberkeitsregeln halten. Als Kontrast dazu erweist sich das Zimmer von Bobby, der alleine im Haus eingesperrt ist. Sein „Königreich" besteht aus Sachen, die seine Eltern ihm zum Vergnügen und für den Notfall besorgt haben. Ein verzerrtes Bild entsteht durch die unrealistische Aneinanderreihung von Gegenständen unterschiedlicher Dimensionen. Außer von Sachen von realer Größe wie Kerzen oder Kettensägen sind es Rohstoffe, Landschaften, Stadtviertel, Universitäten, Restaurants, die in den Schränken und Regalen versteckt werden. Es entsteht eine surreale Ordnung des Besitzes von Bobby. Die Leichtigkeit, die diese Gegenüberstellung dominiert, betont den ironischen und spielerischen Charakter der Aussagen. Wenn man aber genauer hinsieht, repräsentieren viele von den genannten Objekten Macht und Reichtum der heutigen Gesellschaft. Alle diese Eroberungen der heutigen Konsumenten hat

---

14 Crimp 2005, S. 44.
1 Das läuft super. Es ist besser geworden. Die ganze Nachbarschaft ist besser geworden. Die Bäume sind stabiler, die Mexikaner wurden rausgeschmissen, die Serben wurden rausgeschmissen, die Leute räumen endlich die Scheiße ihrer Hunde weg, nette Familien ziehen ein.
2 Italiener, Griechen?
3 Griechen, Italiener, nette Chinesen.
1 Nette Somalis, nette Chinesen, richtig nette Kurden, richtig nette Familien, die ihre Hundescheiße wegräumen und in ihren Autos staubsaugen. Und außerdem wurde das Gen – nein – korrigiere – wurde die Sequenz – genau – jeder Gene entschlüsselt, die Menschen dazu bringen, verbrannte Matratzen vor die Haustür zu werfen und ihre Babys zu erwürgen. (Weniger Notfälle, in: Crimp 2003, S. 309.)

Bobby in seiner Reichweite. Sie machen sein Leben aus und werden von Anderen, die es nicht haben, begehrt.

> "1 Well naturally there are candles, boxes of matches, fresh figs, generators and barrels of oil. But there's also a shelf full of oak trees, and another where pine forests border a mountain lake. If you press a concealed knob a secret drawer pops open – inside is the island of Manhattan. And if you pull the drawers out, spilling out the chain-saws and the harpsichords, there at the back, in the dark space at the back, is the city of Paris with a cloth over it to keep the dust out. There's a wardrobe full of uranium and another full of cobalt. Bobby's suits are hanging over a Japanese golf of cobalt. His shoes share boxes with cooked prawns. On one little shelf there's a row of universities – good ones – separated by restaurants where chefs are using the deep-fryers to melt gold and cast it into souvenir life-sized Parthenons. And hanging from the shelf, like the Beethoven quartets and fertility clinics, is the key. The key to use in emergencies, the key to get out of the house."[15]

Die Handlung ist auf Bobby fokussiert, weil, wie die Stimme 1 feststellt, es gerade jetzt einen Notfall gibt. Die nächste Dimension der Räumlichkeit im Text kommt zustande mit der Nachricht über den Notfall und die Angriffe von außen. Bobby, durch Schüsse in die Hüfte getroffen, versucht die Wendeltreppe hochzukriechen, um den Hausschlüssel zu erreichen, um die Angreifer herein zu lassen und ihre Liebe zu gewinnen. Die Perspektive wechselt zwischen außen, wo die Angreifer die Autos verbrennen und die Häuser stürmen und innen, wo die Spannung wächst, ob der verletzte Bobby an den Schlüssel gelangt. Zum Schluss ändert sich der szenische Raum, worauf der Nebentext im Drama verweist. Die Stimmen singen das Lied der Eltern, die weiter auf dem Segelboot sind und sich scheinbar über

15 Crimp 2005, S. 45.
„1 Na ja, sicher auch Kerzen, Schachteln mit Streichhölzern, frische Feigen, Generatoren und Fässer voll Öl. Aber es gibt auch ein Regal voller Eichenbäume und ein anderes in den Kieferwäldern an einen Bergsee grenzt. Drückt man auf einen verborgenen Knopf, springt ein Geheimfach auf – da ist die Insel Manhattan drin und zieht man sie Fächer heraus, schüttet die horngriffigen Messer und Hühner auf den Boden, schüttet die Kettensägen und die Harfen aus, findet sich hinten, ganz hinten im Dunklen die Stadt Paris, mit einem Tuch verhüllt, damit sie nicht einstaubt. Es gibt einen Kleiderschrank voller Uran und einen anderen voller Kobalt. Bobbys Anzüge hängen über einem japanischen Golfplatz. Seine Schuhe teilen sich Schachteln mit gekochten Garnelen. Auf einem kleinen Regal steht eine Reihe von Universitäten – nur die besten – getrennt durch Restaurants, in denen Köche die Fritteusen benutzen, um aus Gold lebensgroße Pantheons zu schmelzen, als Souvenirs. Und an diesem Regal hängt, wie die Beethoven – Quartette und die Fertilitäts – Kliniken, der Schlüssel, der Schlüssel für den Notfall, der Schlüssel, um aus dem Haus herauszukommen. (Weniger Notfälle, in: Crimp 2003, S. 310–311)

den Ernst der Situation im Klaren sind. Das Jazzinstrumente nachahmende Lied kontrastiert mit der Spannung der vorigen Geschehnisse. Beim Singen des Lieds erlischt das Licht auf der Bühne langsam bis es ganz auslöscht. Die letzten Worte werden in der Dunkelheit gesprochen. Der Raum wird nur noch durch die Stimme markiert. Die Aussage wirkt bedrückend. Die Stimmen sprechen von der Fähigkeit des Sehens – Kontrast zu der Dunkelheit der Aussagesituation. Sie betrachten, wie der von Bobby begehrte Schlüssel an dem Schrank baumelt und rufen ihm auf, auf den Schlüssel zu achten.

> "*Black.*
> 2 Things are improving
> 1 Things are improving. He's further up the stairs. He's closer to the key. See how it spins – no – correction – swings – see how / it swings.
> 2 See how the key swings.
> 3 That's right, Bobby-boy. Watch the key. Watch the key swinging."[16]

Die ironische Feststellung über die Verbesserung der Sachlage und die teils verhöhnende, teils mitleidende Anrede, verbunden mit der Symbolik des Schlüssels, verleihen dem Stück eine erschreckende Aussage, die sehr aktuell wirkt.

Das mittlere Drama im Triptychon betitelt *Face to the Wall* unterscheidet sich im Thema und räumlicher Bestimmung von den anderen. Der Leser wird mit einer grausamen Beschreibung eines Amoklaufs konfrontiert. Diesmal sind es vier Stimmen, die die Geschichte entwickeln. Minutiös wird im Dialog der vier Stimmen der Weg des Amokläufers durch eine Schule dargestellt. Die Räume, in denen sich die Handlung abspielt, sind gekennzeichnet durch die Personen, die der Angreifer erschießt. Zuerst die Rezeptionistin, dann den Lehrer in einem beliebigen Klassenzimmer, dann die Kinder. Auch die Markierung der Bewegung des Mörders steigert die Dynamik der räumlichen Darstellung.

> "1 He shoots her through the mouth and he goes down the corridor.
> 3 Quite quickly.
> 1 Goes – good – yes – quite quickly down the corridor – opens the first door he finds.
> 3 Walks straight in.

---

16 Crimp 2005, S. 49.
„*Black*
2 Es läuft jetzt besser.
1 Es läuft jetzt besser. Er ist weiter oben auf der Treppe. Er ist näher am Schlüssel. Seht nur, wie der kreiselt – nein – korrigiere – baumelt – seht nur, wie / er baumelt.
2 Seht, wie der Schlüssel baumelt.
3 Genau, Bobby-boy. Achte auf den Schlüssel. Achte auf den baumelnden Schlüssel."
(Weniger Notfälle, in: Crimp 2003, S. 314–315.)

1 Walks straight in.
2 Yes? says the teacher, How can I help you?
1 Shoots him through the heart."[17]

Die inhaltliche Beschreibung wird verstärkt durch die dreimalige Wiederholung der Szene des Erschießens der Kinder. Die erste Stimme, die die führende Rolle in dem Dialog spielt, schildert die Handlung. Die Kinder werden identitätslos mit den Buchstaben des Alphabets unterschieden. Die erste Stimme stockt immer wieder bei der Schilderung, als wenn sie sich ihrer nicht sicher wäre und fängt von vorne an. Die zweite und dritte Stimme kommentieren die Erzählung, lenken die Stimme 1 auf bestimmte Einzelheiten der Handlung, stellen zusätzliche Fragen. So verschiebt sich die Beschreibung auf das private Leben des Angereifers. Angeregt durch die Fragen entsteht ein Bild seiner familiären und beruflichen Situation. Wie aus der Vogelperspektive wird eine Landkarte seiner Wohnbedingungen und seiner Umgebung geschildert, angefangen mit seinem Haus, wechselnd durch immer weitere Blicke in den Raum, auf die Schulen, Läden, kleinere und größere Straßen, den Flughafen, Zugang zu Dienstleistungen.

Die Handlung kehrt zurück ins Klassenzimmer. Die Beschreibung wechselt zu den Empfindungen des Täters. Stimme 1 schildert in einer längeren Aussage abstrakte Blutempfindungen des Amokläufers, die einerseits als Verfremdung des Bildes fungieren, andererseits auf irrationale Wahrnehmungsfähigkeiten des Mannes deuten. Eine erneute Abkehr von der inneren Perspektive deuten wieder die Mutmaßungen über das Leben des Amokläufers. Stimmen 2 und 3 suchen nach möglichen Ursachen des Angriffs in der Jugend und der sozialen Situation des Mannes. Alle Vorschläge einer Lösung werden durch die Stimme 1 abgelehnt. Eine Möglichkeit, bei der die Diskussion aufhört, ist der Postbote, der verspätet kommt. Das Stück endet mit einem Song, indem ein Dialog des Postboten und seines Sohns musikalisch dargestellt wird. Der Postbote weigert sich aufzustehen und gießt seinem Sohn, der ihn weckt, den mitgebrachten Tee ins Gesicht. Der Mann stellt sich als innerlich leer dar. Er fühlt sich von einer fremden Person, einer fremden Stimme beherrscht, die ihn zum Singen einer

---

17 Crimp 2005, S. 25.
„1 Er schießt ihr in den Mund und geht den Flur runter.
3 Sehr schnell.
1 Geht – gut – ja – sehr schnell den Flur runter – öffnet die erstbeste Tür.
3 Marschiert direkt rein.
1 Marschiert direkt rein.
2 Ja?, sagt der Lehrer. Kann ich Ihnen weiterhelfen?
1 Schießt ihm ins Herz" (*Gesicht zur Wand*, in: Crimp 2003, S. 19.)

Melodie zwingt. Bemerkenswert ist, dass es dieselbe Melodie ist, wie die Eltern in *Fewer Emergencies* singen, die in *Whole Blue Sky* erwähnt wird. Die Stimme, die der Postbote erwähnt, kann man in der Struktur des Stückes als Stimme 4 identifizieren. Sie hängt immer mit Stimme 1 zusammen und schaltet sich immer wieder ein, wenn die „Eins" Schwierigkeiten mit der Fortsetzung der Beschreibung hat, als wenn sie ihr ihre Rolle soufflierte. Diese Schwierigkeiten werden durch die früher erwähnte Wiederholung, aber auch durch Ausdrücke der Unsicherheit und des Zwiegespräches mit sich selbst („don't help me", „this is right", „that's good") ausgedrückt. In Bezug auf den akustischen Raum und die Komposition der Stücke muss die Rolle des Gesangs unterstrichen werden. Wie Angelaki bemerkt, werden in dem Triptychon nicht nur der Text der Lieder, sondern auch die Zeit und der Rhythmus der Melodie vom Autor bestimmt. Das Lied der Eltern ist ein Skat-Gesang (Jazzinstrumente nachahmend) und das des Postboten ist ein zwölftaktiger Zusteller-Blues. Musik spielt also keine zufällige Rolle in den Dramen weder inhaltlich noch formal.[18]

Fazit

Die Darstellungsmomente des dramatischen Raumes und im szenischen Raum in *Fewer Emergencies* lassen sich wie folgt zusammenfassen. Was auf der Strukturebene des Triptychons passiert, ist eine räumliche Repräsentation der dramatischen Handlung durch die Stimmen. Die entworfenen Personen und Geschehnisse existieren nicht materiell auf der Bühne, die trennende Barriere bilden die, vom geschilderten Geschehen unabhängigen, Stimmen. Trotzdem entsteht die Handlung durch die prägnanten Bilder lebendig in der Vorstellungskraft des Zuschauers. Dank den narrativen und performativen Elementen der Sprache wird der Zuschauer in die Rolle des „Mitbeobachters" der szenisch nicht präsenten Geschehen versetzt. Die Funktion der Stimmen kann man als allwissenden Beobachter und gleichzeitig als Gestalter des Geschehens definieren. Selbst wenn ihre Distanz zu dem Geschehen durch momentane Übernahme der Rolle vom Hauptprotagonisten verringert wird, prägt die narrative Funktion die Repliken. Mithin lässt sich eine Abhängigkeit zwischen der Narrativität des Dramentextes und der Trennung des dramatischen Raumes vom szenischen Raum beobachten. Je ausgeprägter die narrativen Aspekte des Textes, desto wahrscheinlicher die Trennung der beiden Raumebenen. Der Einsatz von drei oder vier Stimmen korrespondiert mit der Problematik der Identitätszersplitterung der Protagonisten

18 Angelaki 2012, S. 149.

dieser Dramen und verdeutlicht sie durch die auf der Bühne erschaffene akustische Räumlichkeit. Die Gewalt, versteckt in den Bildern, die Crimp entwirft, beängstigt und schreibt sich dank der surrealen Visionen in das Gedächtnis des Rezipienten ein. Der Schrecken wird durch die absurde Art der Kommunikation und die unwirklichen Zusammenstellungen der Inhalte entschärft.

Agata Mirecka
(*Kraków*)

„Die Macht verkörpert sich in einer Person, aber die Macht ist keine Person!“ – Politischer Spielraum in Robert Menasses *Das Paradies der Ungeliebten*

Der Beitrag spricht über den Raum, der von der Bühne des Theaters aus gesellschaftliche Hierarchien nachbildet. Das erste Theaterstück von Menasse *Das Paradies der Ungeliebten* entstand als Auftragsarbeit des Burgtheaters, wurde dann aber wegen seiner angeblichen politischen Brisanz dort nicht uraufgeführt, sondern in Darmstadt (UA 2006). In der Konstruktion des Stückes, das analysiert wird, wird deutlich, dass der zunächst „leere Raum“ (P. Brook) mit externen Bedeutungen aufgeladen wird und die bekannten Parameter entstehen, historische, politische und institutionelle Determinanten formen und gestalten den Raum. Damit wird der Bühnenraum zu einem Feld performativer Praktiken, die das Theater politisch erscheinen lassen. Zugleich deutet der Beitrag an, dass die genannten Parameter in der „Atmosphäre“ (G. Böhme) aufgefangen werden.

Der österreichische Schriftsteller Robert Menasse wurde besonders dank seiner Romanreihe *Trilogie der Entgeisterung* (1988–1995) bekannt. Außerdem hat er zahlreiche Essays, Feuilletons und literarische Interpretationen, „in denen er sich mit der Identität und den Problemen der gegenwärtigen deutschsprachigen Literatur sowie der aktuellen politisch-kulturellen Situation der Alpenrepublik auseinander setzt,“[1] geschrieben. Der Autor des Dramas *Das Paradies der Ungeliebten* wurde 1954 in Wien geboren und ist dort aufgewachsen. Er studierte Germanistik, Philosophie sowie Politikwissenschaft in Wien, Salzburg und Messina. 1980 promovierte er mit einer Arbeit über den „Typus des Außenseiters im Literaturbetrieb“. Menasse lehrte anschließend sechs Jahre – zunächst als Lektor für österreichische Literatur, dann als Gastdozent am Institut für Literaturtheorie – an der Universität São Paulo. Dort hielt er vor allem Lehrveranstaltungen über philosophische und ästhetische Theorien ab, unter anderen über: Hegel, Lukács,

1 Jachimowicz, 2007, S. 7.

Benjamin und Adorno. Seit seiner Rückkehr aus Brasilien 1988 lebt Robert Menasse als Literat und kulturkritischer Essayist hauptsächlich in Wien.[2]

Von besonderer Wichtigkeit in seinem Werk sind Kultur und Politik und die Themen liefern ihm hauptsächlich die Kontroversen um die österreichische Regierung, die Position von führenden Politikern, die soziale Absicherung der in Österreich lebenden Menschen und die Kulturpolitik Österreichs.[3] Das politische Drama *Das Paradies der Ungeliebten* wurde 2006 uraufgeführt. Der politische Spielraum im Drama veranlasst Überlegungen seiner Funktion und Bedeutung sowie seiner Rolle in dem Verständnis des Dramas.

Die hier angesprochene Kategorie des politischen Spielraums bedeutet für den Einzelnen, sich in bestimmten Grenzen frei zu bewegen, kreativ zu sein oder frei zu entscheiden. Das Stück *Das Paradies der Ungeliebten* spielt in Dänemark. Auf der Internetseite von *Falter* lesen wir folgendes zu dem Drama: „Die Politik hat abgedankt, die Politiker haben keine Macht mehr, sondern nur noch ihre Ämter. Die Figuren, der hilflose Regierungschef, der besessene Vize, der demagogische Oppositionsführer, der ehrgeizige gescheiterte Shakespeare-Schauspieler, der in die Politik gewechselt ist, aber auch einen Politiker nicht glaubhaft darstellen kann, sie alle tragen die Namen jener dänischen Fußballer, die die Europameisterschaft gewonnen haben. Es ist das erste Stück, in dem lauter „Europameister" spielen. Aber sie meistern Europa nicht. Sie lassen sich in politische Verantwortung wählen – um dann, lethargisch oder eitel, ihre Verantwortung auf die „Sachzwänge" abzuwälzen. Ein politischer Fieberkopf, der die politischen Phrasen mit dem verwechselt, was sie einst bedeuten hatten, plant ein Attentat. Aber was ist ein politischer Mord, wenn die Politik längst tot ist? Ein historisches Zitat? Eine Farce? Vielleicht ein Märchen? Obwohl sie schon gestorben sind, leben sie noch immer."[4] Man sieht, dass der Autor dieser Aussage spontan auf den Inhalt des Dramas reagiert. Seine Meinung erweckt sicherlich das Interesse der potenziellen Leser des Dramas. In der darauffolgenden Rezension von Wolfgang Kralice kann man weiterlesen: „Außer ein paar Österreichern im Publikum erkannte natürlich keiner die innenpolitischen Anspielungen; das gilt offensichtlich auch für Regisseur Hermann Schein, der alle Figuren „gegen den Typ" – also weit weg von ihren Vorbildern in der Wirklichkeit – besetzt hat. Während der österreichische Betrachter automatisch zu vergleichen beginnt (der echte Morak zum Beispiel ist

2 www.suhrkamp.de/theater_medien/das_paradies_der_ungeliebten-robert_menasse_100432.html?prev=%2Fautoren%2Frobert_menasse_3213.html%3Fd_view%3Dthm, eingesehen am 06.09.2016.

3 Jachimowicz, 2007, S. 8.

4 http://shop.falter.at/detail/3/9783518124901/qv, eingesehen am 06.09.2016.

wesentlich lustiger!), sehen die Darmstädter einfach eine Politfarce, die anscheinend auch so „funktioniert". Wenn etwa Kanzler Povlsen für einen Fotografen des Magazins Bros (= News) in roten Boxhandschuhen und Ölzeug posiert, wird herzhaft gelacht. Die Zuschauer halten diese Szene wahrscheinlich für einen besonders originellen Einfall des Autors."[5] Wie immer, wird auch hier die Bühne nicht beziehungsweise in zu vernachlässigender Weise als Bühnen-Raum selbst reflektiert, sondern als zunächst „leerer Raum" nach Peter Brook begriffen und dann mit Abbildungen gefüllt, die der theaterexternen Realität entlehnt sind und somit einen inszenierten Bezug zur Welt bzw. zu den Welten herstellen. Indem man sich von einer selbstreflexiven Programmatik des Theaters wegwendet, richtet man den eigenen Fokus auf Konfliktpotentiale, die in historischen Räumen verortet und mimetisch abgebildet werden.[6] „Generell scheint für die Theater politisches Agieren unumgänglich zu sein, Spielpläne sollten daher, will die Theaterleitung über einen längeren Zeitraum hinweg reüssieren, intelligent angelegt sein. In der Spielplanpolitik muss zwischen den Erwartungen und Einstellungen der relevanten Instanzen Theaterkritik, regionaler Politik und Publikum ein Weg gefunden werden, den man einen selbstbewusst-diplomatischen nennen kann."[7] Das weist darauf hin, dass *Das Paradies der Ungeliebten* ein politisches Drama sei. Hajo Kurzenberg hat 2002 in einem Artikel in *Der deutschen Bühne* überlegt, ob ein politisches Theater ein totes Theater sei. Er findet politisches Theater z.B. in den Aktionen Schlingensiefs, bei denen „Facts und Fiction ununterscheidbar werden" oder „abgedichtet gegen jede soziale oder mediale Alltagswirklichkeit" als „Radikalisierung der theatralen Form" im Chortheater Einar Schleefs."[8] Einerseits sieht man die Unklarheiten bei dem politischen Theater als Ergebnis, das alle traditionellen Parameter auflöst, andererseits spektakuläres Infragestellen vom Individualisierungsprozess des bürgerlichen Theaters als politische Provokation.[9] Was Menasse beabsichtigte, indem er einen politischen Spielraum konstituierte, ist eben Gegenstand dieser Überlegung.

"Die Reflexion auf den Raum und seine historischen, politischen und institutionellen Parameter kann als seine der wichtigsten Schnittstellen von Bildender Kunst und Theater im zwanzigsten Jahrhundert verstanden werden. Im Bereich des Ästhetischen wird die Auseinandersetzung mit dem Raum zum zentralen

5 Wolfgang Kralicek in: http://shop.falter.at/detail/3/9783518124901/qv, eingesehen am 18.02.2015.

6 Vgl. Frei, 2006, S. 187.

7 Englhard, 2008, S. 312.

8 Frei, 2006, S. 187.

9 Vgl. ebd.

Gravitationsfeld performativer Praktiken und Diskurse, markiert er doch jenen Punkt, an dem sich Subjekt und Objekt über eine perzeptive und politisch-soziale Konstellation gegenseitig ausdifferenzieren. Dabei wird dem Raum die Rolle zugesprochen, Austragungsort einer doppelten Überschreitung zu sein: Als Ort gattungsübergreifender ästhetischer Praktiken und als Terrain gesellschaftlicher Bedeutungsvermittlung markiert er das Versuchsfeld, auf dem ästhetische Autonomie über eine Kontextualisierung und Totalisierung des Raumes aufgehoben werden soll. So heißt es etwa in Wolf Vostells ästhetischem Programm *Was ich will* "Kunst als Raum, Raum als Umgebung, Umgebung als Ereignis, Ereignis als Kunst, Kunst als Leben."[10]

Viele Theorien der letzten Jahrzehnte "bezogen sich auf den Aufführungsbegriff und untersuchten Zusammenhänge von Wahrnehmung, Bewegung und Repräsentation, ganz gleich ob sie von Theatralität oder von Performativität sprachen. Und auch im Hinblick auf das Politische waren sich die Perspektiven ähnlich: In Frage stand die Hervorbringung von Identitäten, Gemeinschaften und Machtstrukturen, das Einnehmen, Besetzen und Verteidigen von Räumen, die Durchsetzung von Sprachregelungen, Verhaltensnormen und Wahrnehmungsanordnungen.[11] Jedoch schreibt Roselt in der *Phänomenologie des Theaters* „wenn vom Raum des Theaters die Rede ist, soll damit nicht nur ein auf der Bühne dargestelltes Zimmer gemeint sein, denn der Raum ist nicht auf die Kulissen oder die Bühne beschränkt. Er umfasst vielmehr Publikum und Spieler, macht sie erst zu solchen, indem er ihnen einen Ort zuweist und die Beteiligten einer Aufführung zueinander ins Verhältnis setzt. Der Raum organisiert die Blicke, er macht sichtbar oder verstellt die Perspektive. Mit der Anwesenheit im Raum kann das Theater beginnen, noch bevor ein Scheinwerfer die Bühne erhellt oder ein Schauspieler den ersten Satz gesprochen hat. In diesem Sinne soll Raum nicht nur als äußere Hülle aufgefasst werden, in der Schauspieler agieren und Zuschauer sitzen, sondern durch den spezifischen Umgang mit dem Raum werden Aufführungen mitkonstituiert. Hierzu zählen ausdrücklich auch die Wahrnehmungsweisen des Publikums. Aus diesem Raumverständnis kann vorläufig geschlossen werden, dass der Zuschauer dem Raum nicht gegenübersitzt, sondern Teil des räumlichen Arrangements ist. Das Verhältnis zwischen Theaterraum und Theaterzuschauer wäre somit nicht zu denken wie die Relation zwischen einem Bild und seinem Betrachter. [...] Der Raum des Theaters ist sowohl Voraussetzung der Aufführungen, als auch Produkt theatraler Vorgänge. Räume können insofern als dynamisch gelten,

10 Gronau, 2011, S. 38.
11 Warstat 2011, S. 69.

als sie durch die Handlungen der Teilnehmer hervorgebracht werden. Die Geste eines Schauspielers, der Gang eines Performers oder die Pirouette eines Tänzers sind raumschaffende Handlungen. Dabei gilt es zu beachten, dass Räumlichkeit nicht nur ein visuelles, sondern auch ein akustisches Phänomen ist. Nähe und Ferne oder Weite und Volumen können auch durch Stimmen, Geräusche oder Töne evoziert werden. Das Sprechen eines Satzes oder das Singen einer Melodie sind Handlungen, die im Verlauf einer Aufführung spezifische Räume kreieren, die mit ihrem Vollzug vergehen, ohne eine materielle Spur zu hinterlassen."[12] Der im Drama dargestellte politische Raum ist nicht die Bühne sondern die Atmosphäre auf der Bühne, die Schauspieler seien die Performer in dieser Atmosphäre und das Publikum beobachtet nicht die Schauspieler und nicht die Bühne sondern die Politik, die man ohne Verbindung aller dieser Elemente überhaupt nicht betrachten kann.

„Ein für die Auseinandersetzung mit der Räumlichkeit von Aufführungen hilfreiches Modell zur Beschreibung der entstandenen Zwischensphäre ist das in der Theaterwissenschaft elaborierte Konzept der Atmosphäre, das sich in wesentlichen Zügen auf Gernot Böhmes philosophische Untersuchung *Atmosphäre* (1995) bezieht, mit der der Begriff als Kennzeichen speziell ästhetischer Wahrnehmung ein erneutes Interesse erfahren hat. [...] Die Atmosphäre ist ein Wahrnehmungs- und Erfahrungsphänomen par excellence, ein Phänomen, dass zwischen Akteuren und Zuschauern statthat und ebenso flüchtig ist wie andere Momente von Aufführungen. [...] Ob man einen konkreten Raum betritt und dort von einer bestimmten Atmosphäre umfangen wird oder ob man in intentionalen Akten des Vorstellens Atmosphäre imaginiert, immer steht diese in Bezug auf konkrete räumliche Begebenheiten und Arrangements. Insofern ist es kein Zufall, dass bei der Beschreibung von Atmosphären neben der grundlegenden Distinktion von angenehm und unangenehm häufig räumliche Metaphorik verwendet wird: bedrückend, weit, offen usw."[13] Bei der Auseinandersetzung mit den verschiedenen dramatischen Formen, die einen dokumentarischen Anspruch erheben oder denen ein solcher zugesprochen wird, stand die Frage nach der Spannung zwischen „historischem Dokument und ästhetischer Umsetzung" lange Zeit im Zentrum. Aus der Perspektive der neueren Forschung werden Dokumente also nicht erst durch ihre theatrale oder dramatische Umsetzung ontologisch instabil: auch außerhalb von Theater und Drama entstehe ihre spezifische Realität erst im Zusammenspiel zwischen dem abwesenden (dokumentierten) Objekt, der medialen Vermittlung

12 Roselt 2008, S. 65.
13 Ebd., S. 131.

und dem Rezeptionsakt. Das Spezifikum des Dokumentarischen liegt darin, dass es eine Verbindung zu jener abwesenden, von ihm dokumentierten Wirklichkeit verspricht, zu der es aber grundsätzlich keinen Zugang gebe.[14] „Grundlegend für die meisten Formen dokumentarischen Theaters (...) ist der positivistische Glaube, dass die Wirklichkeit, so undurchschaubar sie sich auch macht, in jeder Einzelheit erklärt werden könne. (...) seit den späteren 1990ern tritt der Glaube an die Kraft von Fakten und eine direkte politische Wirkung zurück zugunsten einer Reflexion der medialen Bedingungen des ‚Dokumentarischen' und der Inszenierung von Wirklichkeit. [...] Dazu gehört ganz besonders die räumliche Ebene, die [z.B.] die Prosa durch beschreibende Elemente vermittelt. Sie wird im Drama mittels Dialogen, Monologen und Körpersprache, vor allem aber durch Wahl und Gestaltung von Bühne, Bühnenbild, Requisiten und Beleuchtung erzeugt. Viele dieser räumlichen Elemente sind zwar historischen Bedingungen unterworfen, werden aber von Regisseuren in modifizierter Form immer wieder für moderne Produktionen adaptiert."[15]

Das Stück von Menasse bezieht sich auf wirkliche Personen aus der Welt der Politik und des Sports. „Angesiedelt ist das Stück in ‚Dänemark', die Personen der Handlung sind nach Mitgliedern der legendären dänischen Mannschaft benannt, die 1992 Fußballeuropameister wurde. Das ändert aber nichts daran, dass man fast jede Figur des Stücks einem real existierenden österreichischen Politiker zuordnen kann. Kanzler Flemming Povlsen trägt die Züge von Viktor Klima, Vizekanzler Claus Christiansen ist Wolfgang Schüssel nachempfunden, der modebewusste rechte Demagoge Peter Schmeichel erinnert an Jörg Haider, und der christlichsoziale Abgeordnete und Exschauspieler Lars Olsen ist natürlich eine Morak-Parodie. Sogar für den linken Journalisten Brian Laudrup, der mit einem ‚Tyrannenmord' kokettiert, gibt es ein reales Vorbild: Die Figur ist dem langjährigen Forum-Herausgeber Gerhard Oberschlick nachempfunden; Agora heißt Laudrups Zeitschrift, wie Oberschlick hat er gegen den Rechtspolitiker einen Presseprozess gewonnen.

Kurioserweise führte gerade die Nähe des Dramas zu den österreichischen Verhältnissen dazu, dass es in Deutschland uraufgeführt wurde. Das Stück wurde als Auftragswerk für das Burgtheater geschrieben, wo man nach längerem Ringen aber beschlossen hatte, es nicht zu spielen – unter anderem deshalb, weil es zu ‚kabarettistisch' und nicht mehr ‚brisant' genug sei. (Der gekränkte Autor forderte Burgtheaterdirektor Klaus Bachler daraufhin zum Rücktritt auf.) Nach der Absage

---

14 Vgl. Marx 2012, S. 306.

15 Klarer 2011, S. 73.

des Burgtheaters waren die Rechte wieder frei, aber auch keine andere österreichische Bühne interessierte sich für die Uraufführung. Deshalb: Darmstadt."[16]

Der anerkannte österreichische Dramatiker Peter Turrini reagierte darauf folgendermaßen: "Menasses erstes Stück *Das Paradies der Ungeliebten* wurde vom Burgtheater beauftragt, liegengelassen, herumgeschoben und schließlich mit dem Argument, es stelle eine – unaktuell gewordene – Momentaufnahme österreichischer Innenpolitik dar, abgewiesen. Das ist eine selten blöde Argumentation. Jedes Theaterstück ist eine Momentaufnahme, die Frage ist doch einzig und allein, ob der Zeitpunkt, zu welchem es spielt, die Zeiten schlechthin widerspiegelt, über Zeit und Ort hinausweist. Shakespeares Stücke spielen vor ein paar hundert Jahren an englischen Königshöfen, aber die Macht- und Mordlust der Mächtigen dröhnt unüberhörbar ins Gegenwärtige. Gott sei dank ist man andernorts nicht so vernagelt"[17]

In einer anderen Rezension kann man lesen: "Nun kam die Momentaufnahme in Darmstadt zur Uraufführung, und an Aktualität hapert es nicht. Eitle, lethargische Regierungschefs, die unfähig sind zu gestalten, treten auf, machtgeile Oppositions-Lackaffen und Populisten, die die Schwäche der Demokraten zu nutzen wissen. Gab es das nur zu Beginn dieses Jahrzehnts? Nur in Österreich?"[18]

Das Drama schildert durch seine Thematik nicht nur österreichische Verhältnisse, sondern eben durch österreichische und dänische Thematik die ganzeuropäische Problematik.

Der politische Spielraum im Drama entfaltet einen Raum und bietet einen Ort zur Diskussion, um neue Impulse dem Publikum und der Politik zu geben. Im Kern steht die Frage, wie wir uns die Zukunft der Gesellschaft vorstellen. „Das postmoderne Geschichtsdenken erhebt gegen die moderne Art der historischen Betrachtung zwei grundsätzliche Einwände: Erstens beklagt es die geschichtliche Verblendung, die es verhindert, die durch den Glauben an die Zweckmäßigkeit der Geschichte entstandenen Katastrophen zu bewältigen. Die Logik der sinnträchtigen Geschichte wird für Utopie erklärt und der Glaube an eine bedeutungsvolle Organisiertheit der Geschehnisse in der Vergangenheit, die einen unbestrittenen positiven Einfluss auf Gegenwart und Zukunft gemäß des geistigen Entwicklungsprozesses haben sollten, definitive verworfen; zweitens richtet das postmoderne Geschichtsdenken die Einwände gegen den konstruktiven Charakter der modernen Methode des historischen Denkens, die die Vorgänge der

16 http://shop.falter.at/detail/3/9783518124901/qv, eingesehen am 13.02.2015
17 Schörkhuber 2007, S. 337.
18 Ebd., S. 340.

Vergangenheit mit einer Verlaufsvorstellung zu interpretieren versuchte. Dieser Methode wird vorgeworfen, dass sie der Subjektivität und der Zeiterfahrung der betroffenen Menschen nicht Rechnung getragen habe. Die Subjektivität als Komponente der geschichtlichen Sinnbildung ist dagegen für die Postmoderne Geschichtstheorie von großer Relevanz. Das postmoderne Geschichtsdenken hat seine Vor- und Nachteile: Freilich bietet es eine Chance zur Erweiterung des historischen Blicks, gleichzeitig aber birgt es die Gefahr, in der Vielheit der subjektiven Wahrnehmungen die historische Orientierung zu verlieren."[19] Das ist auch in dem Drama *Das Paradies der Ungeliebten* zu bemerken. Die dargestellten politischen Auseinandersetzungen in dem Bühnenraum sind ein Abbild der alltäglichen politischen Wirklichkeit, die je nach dem Rezipienten unterschiedlich interpretiert werden kann und bilden einen atmosphärischen Raum der Politik, der zum Nachdenken provoziert und subjektive Gedanken auslöst. Man könnte in diesem Zusammenhang das politische Theater mit dem dokumentarischen gleichsetzen. Robert Menasse zeigt wirkliche Figuren in den Masken der dramatischen Figuren. Auf der Bühne wird die Vergangenheit in der Gegenwart ermittelt. "Das dokumentarische Theater ist parteilich", schreibt Peter Weiss in den *Notizen zum dokumentarischen Theater* und benennt eine grundsätzliche Problematik: die Bestimmung von ästhetischer und historischer Wahrheit. Doch dies ist nur einer der komplexen Faktoren, mit denen man sich beim dokumentarischen Theater auseinandersetzen muss, zumal Wirklichkeitsbezüge, die Annahme einer objektiv vorhandenen Wirklichkeit, die in ihren gesellschaftlichen Aspekten unkenntlich ist, im Theater erfahrbar gemacht werden sollten. Man wird dieses Theater nicht nur ästhetisch, sondern auch soziologisch zu denken haben. [...] Das dokumentarische Theater ist ein Theater, das eine politische Willensbildung anstrebte. Durch Kritik an der Verschleierung, Lüge, Geschichtsverfälschung wollte es die Meinungsfindung beeinflussen, verdeckte Zugänge offenlegen, Ansichten korrigieren."[20]

Das Dokument, wirkliches Ereignis ist hier wesentliches Element der Kunst. Der Raum, der auf der Bühne gebildet wird, wird zum Medium, das eine spezifische Sicht auf die Wirklichkeit herstellt. Politische Ereignisse und ästhetische Ausprägungen müssen zusammengedacht, im historischen Kontext verstanden werden. Unser Zeitalter, die Zeit der Technik, der neuen Medien, der SMS und Internets bestimmt auch die Wissenschaftsgeschichte und im Verbund mit den gesellschaftspolitischen Problemen bestimmen auch die Tendenzen und

19 Jachimowicz, 2007, S. 55.
20 Marschall, Brigitte: Politisches Theater nach 1950. Böhlau Verlag, Wien 2010, S. 18.

Fragestellungen zeitgenössischer Kultur.[21] Das führt auch zu den Veränderungen im Theater. Die theatrale Bühne stellt einen Raum her, der je nach der Thematik in dem postdramatischen Drama unterschiedliche Dimensionen einnehmen kann und dadurch je nach dem Rezipienten unterschiedlich verstanden werden kann. Der politische Spielraum sei dadurch die mehrdimensionale Ebene, deren Verständnis subjektiv und ästhetisch variabel verläuft. Der politische Spielraum im Robert Menasses Drama *Das Paradies der Ungeliebten* zeigt, wie über räumliche Strukturen gesellschaftliche Hierarchien und Identifikationen produziert und legitimiert werden.

21 Vgl. ebd., S. 29.

Hargen Thomsen
(*Heide/Holstein*)

„… die Basreliefs von der Wand ablösen …“ *Die Dramatisierung des Epischen am Beispiel von Friedrich Hebbels und Moritz Rinkes Nibelungen-Dramen*

Die Bearbeitung von epischen Stoffen in dramatischen Texten, die – wie der Autor ausführt – eine traditionelle Adaptationsmethode von Dramatikern ist, stellt den Dramatiker vor die Aufgabe, die Weite des epischen Textes auf den Bühnenraum zu verengen. Um diese Transformation zu schaffen, muss der Bearbeiter den vorgefundenen Stoff segmentieren. In der Bearbeitung des Nibelungenliedes durch Friedrich Hebbel werden vor allem auf vier Ebenen Räume neu gestaltet. Mit Blick auf die Psychologie wird eine andere Begründungsstrategie notwendig, der historische und ethnische Raum bedarf der genauen Neuakzentuierung und letztlich auch der mythische Raum, aus dem sich der Stoff ableitet, wird von der Bearbeitung umgeformt. Dabei weist der Autor daraufhin, dass auf Stoffe, die hohen ideologischen oder kulturellen Rang haben, ein hoher Erwartungsdruck für den Bearbeiter lastet. Die Veränderungen der unterschiedlichen Räume in der Bearbeitung von Hebbel, die der Aufsatz aufführt, machen die Veränderung des epischen in einen dramatischen Raum sichtbar. Das Gleiche vollzieht sich später auch bei der Bearbeitung der Bühnenfassung Hebbels zu einer Fernsehfassung von Moritz Rinke (2007), wodurch die ineinander greifenden Raumkonzepte, von denen der Autor sprach, noch einmal deutlich voneinander abgehoben werden.

Es ist im Grunde banal, auf die Dramatisierung des Epischen hinzuweisen, als ob das in irgend einer Weise etwas Besonderes wäre. Das abendländische Drama greift von Anfang an auf epische Stoffe zurück, und tut es bis in die Gegenwart hinein. Die attische Tragödie isoliert gewöhnlich einzelne Handlungsstränge aus großen mythischen Erzählzyklen, auf die sich auch die klassizistischen Dramen der frühen Neuzeit wieder beziehen werden. Shakespeares Historiendramen sind Destillate der englischen Geschichte, das Jesuitendrama bietet theatralische Darstellungen alttestamentarischer, die Passionsspiele performativen Nachvollzug neutestamentarischer Stoffe, und im 19. Jahrhundert schließlich, im Zeitalter des Historismus, wird die gesamte Menschheitsgeschichte, von Abraham bis Napoleon, zum Selbstbedienungsbuffet theaterbesessener Gymnasialprofessoren mit dem Hang zum Monumentalen. Und verließ sich das epische Theater der klassischen Moderne eher auf Originalstoffe, bemerkt man in den letzten Jahren wieder deutlich eine Tendenz zur Dramatisierung epischer Vorlagen. Nach meiner Beobachtung gibt es derzeit kein größeres Theater, das nicht dramatisierte Romane auf dem Spielplan hat. Da werden Dramatisierungen von Thomas Manns *Buddenbrooks* oder Tolstois *Krieg und Frieden* gestemmt, Bücher, die in ihrer stofflichen Überfülle und ihrer raum- und zeitübergreifenden Breite geradezu als Inbegriff des Epischen gelten. Um nur ein Beispiel unter vielen zu nennen: Anfang 2015 wurde auf dem Hamburger Thalia-Theater Günter Grass' *Blechtrommel* uraufgeführt – auch das nicht gerade ein erzählerisches Leichtgewicht.

Die Dramatisierung des Epischen ist also wahrhaftig nichts Neues, und neu sind auch nicht die Tricks oder Mogeleien, derer sich das Theater von Anfang an bedient, um die Sprengung und Überwindung des theatralischen Raums zu kaschieren. Schon die attischen Tragiker arbeiten mit Botenberichten und Teichoskopie, um den epischen Stoff in die begrenzte Welt der Bühne hineinfließen zu lassen, und schon die Parabase, also die Anrede des Chors ans Publikums, hebt die Grenze zwischen Bühnen-Raum und Welt-Raum, d. h. zwischen dramatischer Fiktion und Realität des Publikums, die mit Beginn des Spiels aufgerichtet wurde, wieder auf. Die drei klassischen Einheiten des Dramas sind also schon überwunden, lange bevor sie überhaupt zum Gegenstand ästhetischer Diskussion werden.

Das gilt, nebenbei bemerkt, in erster Linie für die Tragödie. Die Komödie hat von Anfang an viel weniger Schwierigkeiten, sich mit den Begrenzungen der Bühne zu begnügen, und sie hat es auch in viel geringerem Maße nötig, auf epische Stoffe jenseits des theatralischen Raums zurückzugreifen. Sie nimmt, wie das schon Aristophanes tut, ihre Themen eher aus der Gegenwart. Sie ist nicht angewiesen auf eine große zeitliche Distanz und einen weiten episch-mythischen Horizont. Komik, könnte man schließen, braucht einfach weniger Platz, als Tragik.

Aber diesen Gedanken möchte ich an dieser Stelle nicht weiterverfolgen. Mir geht es um den – scheinbaren oder tatsächlichen – Gegensatz von der Weite des epischen und der Begrenztheit des dramatischen Raums, wie er sich vor allem in der Tragödie gestaltet. Dass wir es dabei mit einem Raumproblem in des Wortes umfassendster Bedeutung zu tun haben, leuchtet, denke ich, unmittelbar ein. Und das nicht nur, weil auf so mancher Bühne ein Gedränge entsteht, wenn man versucht, die epischen Menschenmengen von *Krieg und Frieden* darauf unterzubringen.

Es hat mich, muss ich gestehen, einige Überlegung gekostet, welchen Raumbegriff ich eigentlich zugrunde legen soll, ob ich eher vom geometrischen Raum der Bühne oder vom virtuellen Raum der schriftstellerischen Imagination ausgehen soll. Schließlich bin ich bei Albert Einstein und seinem Raum-Zeit-Kontinuum hängengeblieben, also einem physikalischen Raum-Konzept. Ich will keineswegs in die Abgründe der Relativitätstheorie abtauchen, aber den Gedanken, dass Raum und Zeit eine Einheit sind, kann man, denke ich, auch für die Literatur fruchtbar machen.

Nach der heute gängigen kosmologischen Vorstellung – die allerdings nicht von allen Physikern geteilt wird – expandiert das Universum ununterbrochen und in rasender Geschwindigkeit, und diese Ausdehnung im Raum vollzieht sich nicht innerhalb der Zeit, sondern sie *ist* die Zeit. Ohne diese ständige und relativ gleichmäßige Ausdehnung des Raums würde Zeit nicht existieren. Irgendwann einmal, unmittelbar vor dem Urknall, war sämtliche Materie in einem raumlosen Punkt zusammengefasst, einer Singularität, wie die Physiker sie nennen, weil die uns bekannten Naturgesetze darin nicht galten. Dieser Punkt hatte keinen Raum und daher auch keine Zeit. Und irgendwann einmal, behaupten moderne Eschatologen, wird die Expansion des Universums, die ihren Schwung aus der Wucht des Urknalls bezieht, diese Energie aufgebraucht haben und zum Stillstand kommen, und in einem solchen stillstehenden Universum (stillstehenden Raum!) würde dann auch die Zeit stillstehen. Im Kern also geht es darum, dass wir uns Zeit nur als Bewegung im Raum vorstellen können, wie Raum andererseits immer nur als veränderbar in der Zeit für uns erlebbar wird.

Was bedeutet das nun für unser Thema, für die Raumdimensionen in der Dramatik? Es bedeutet, dass wir uns das Theater als kleines Universum, als Mikrokosmos denken können, in dem Raum und Zeit miteinander gekoppelt sind. Die Begrenztheit des Bühnenraums verlangt eine Begrenzung der Zeit, die in diesem Raum zugebracht werden kann, und andererseits verlangt die begrenzte Zeit, die man sich in einem Theater aufzuhalten gewillt ist, auch eine Begrenzung des Raums, der für das Spiel freigegeben ist. Die aristotelischen Einheiten von Raum und Zeit bilden also eigentlich eine untrennbare Einheit – und bedingen natürlich auch die Einheit der Handlung, weshalb – notabene! – Aristoteles selbst auch gar nicht für nötig hielt, überhaupt von ihnen zu sprechen.

Je enger die Zeit gefasst ist, je mehr sich der Handlungszeitraum des Stücks der Aufführungsdauer der Inszenierung annähert, desto mehr verlangt es nach einem geschlossenen Raum – weshalb klassizistische Dramen nur schlecht für Freilichtaufführungen passen. Je weiter auf der anderen Seite der (geometrische) Raum ist, der dem Spiel zur Verfügung steht, umso weiter können auch die Zeit-Räume definiert sein, die im Drama verhandelt werden. Am äußersten Ende dieser theatralischen Raum-Zeit steht das allegorische Welttheater, das keine Raumgrenzen mehr akzeptiert und für alle Zeiten gelten will. Man denke an Hofmannsthals *Jedermann*, der alljährlich bei den Salzburger Festspielen auf dem Domvorplatz gegeben wird, der also einen unbegrenzten theatralischen Raum mit einer als zeitlos verstandenen Handlung kombiniert. Das entspricht in der Kosmologie dem Stillstand der Zeit am Ende der räumlichen Ausdehnung.[1] Auf der anderen Seite ist – um gleich in Salzburg zu bleiben – eine Aufführung von Beethovens *Fidelio* auf der riesigen Bühne der Felsenreitschule (40 m breit!) nicht nur ein inszenatorisches Problem, sondern auch ein Widerspruch in sich, insbesondere im 2. Akt, wenn wir in Florestans Zelle sind. Denn die Gefängniszelle ist der geringstmögliche Raum, den ein Mensch überhaupt einnehmen kann, ein Raum, in dem Zeit nicht vergeht und der also, so gesehen, der physikalischen Singularität außerhalb von Raum und Zeit entspricht. „Öd ist es um mich her. Nichts lebet außer mir", wie es in Florestans Rezitativ heißt. Zwischen diesen Extremen des größten und des kleinsten Raums, in denen die Zeit zum Stillstand kommt, liegt der „normale" Theaterraum, in denen die Zeit auf proportional „normale" Weise verstreicht.

Im Gegensatz dazu scheint das Epische einem völlig anderen Universum anzugehören, einem Universum, in dem Raum und Zeit nicht auf die uns vertraute Weise miteinander verknüpft sind, sondern das, um im physikalischen Bild zu bleiben, eher von Heisenbergs Unschärferelation beherrscht wird, so dass man nie genau weiß, ob Schrödingers Katze nun gerade im Karton ist oder nicht, ob wir uns im normalen Raum-Zeit-Kontinuum aufhalten oder nicht. Die Epik ist hinsichtlich Raum und Zeit an keinerlei Gesetze gebunden, sie kann beides unendlich weit ausdehnen oder bis auf einen Punkt reduzieren,[2] sie kann, als ob sie durch Schwarze Löcher reisen würde, von einem Ende der Welt zum anderen springen, sie kann, allen Naturgesetzen zum Trotz, den Zeitpfeil umkehren und in die Vergangenheit reisen, sie hat Zugang zu Welten der Reflexion, in denen Zeit und Raum durch Logik und Ontologie aufgehoben sind. Einen größeren Kontrast, als zwischen diesen beiden Universen, kann man sich schwerlich denken.

---

1 Während der Diskussion in Kościelisko kam auch ein Beispiel aus dem Film zur Sprache: Die Szene in *Lawrence of Arabia* (1962) von David Lean, wenn Omar Sharif in der Rolle des Sherif Ali seinen ersten Auftritt hat und dabei in einer geradezu quälend langen, starren Einstellung aus dem Nichts der Wüste heraus eine gefühlte Ewigkeit auf die Kamera zureitet. In dem unendlichen Raum der Wüste wird die Zeit scheinbar endlos gedehnt.

2 Als Extrembeispiele seien hier James Joyce' *Ulysses* genannt, der die Handlung eines einzigen Tages auf über tausend Seiten streckt, während sich die kosmologische Fantasie eines Olaf Stapledon in seinem *First and last Men* (1930) über einen Handlungszeitraum von zwei Milliarden Jahren erstreckt – auf knapp 400 Seiten!

Und dennoch stehen sie seit Beginn ihrer Existenz im Austausch miteinander, ohne sich dabei gegenseitig zu vernichten. Diese friedliche Koexistenz verläuft in erster Linie als ein Geben von der epischen zur dramatischen Welt, und sie verläuft demzufolge als Prozess der Reduzierung von Raum und Zeit, denn die epische Raumzeit ist deutlich größer als die dramatische.

Dies sei im Folgenden dargestellt am Beispiel der *Nibelungen*, einem der klassischen epischen Stoffe der Weltliteratur. Die literarisch und rezeptionsgeschichtlich bedeutendste Ausprägung des Stoffes ist das Nibelungenlied, ein strophisches Heldenepos in mittelhochdeutscher Sprache, verfasst von einem unbekannten Autor um das Jahr 1200. Der Text ist eingeteilt in 39 *Âventiuren* genannte Kapitel und umfasst in der gängigen Ausgabe von Karl Bartsch 2379 vierzeilige Strophen, also insgesamt 9516 Zeilen.[3] Dass dieser Text nicht der Anfang, sondern vielmehr das Ende einer Jahrhunderte zurückreichenden Erzähltradition ist, muss hier nicht weiter erläutert werden.[4] Wichtig ist aber zu betonen, dass der anonyme Autor in der Behandlung des Stoffes geradezu revolutionär neue Wege beschreitet. Er fasst nämlich Stofftraditionen zu einer Einheit zusammen, die bis dahin getrennt verlaufen waren und in dieser getrennten Form in der altnordischen Literatur mehr oder weniger fragmentarisch überliefert wurde.

Es sind zwei große Blöcke oder Erzählkreise, die hier vereint werden: In der ersten Hälfte der Erzählkreis um Siegfried, den Drachentöter, der in das Königreich Burgund an den Hof von Worms kommt, dort um Kriemhild, die Schwester des Königs Gunter wirbt, sie aber erst in einer Art Tauschgeschäft erringt, nachdem er Gunter geholfen hat, die Kriegerjungfrau Brunhild zu erringen. Eine Doppelhochzeit zwischen Siegfried und Kriemhild sowie Gunter und Brunhild scheint das *Happy End* zu besiegeln, aber der berühmt-berüchtigte Streit der Königinnen Kriemhild und Brunhild um den Eintritt in den Dom – um den gesellschaftlichen Vorrang ihres jeweiligen Gatten – führt dazu, dass Siegfried von Hagen, dem wichtigsten Vasallen der burgundischen Könige und eigentlichen Leiter der burgundischen Politik, ermordet wird.

Im Gegensatz zu dieser recht verwickelten Struktur des ersten Teils erzählt der zweite in einfacher Folgerichtigkeit von der Rache Kriemhilds an Hagen, wozu sie allerdings 1. den Hunnenkönig Etzel heiraten und 2. ihre gesamte Verwandtschaft umbringen muss. Von den Burgunden – die erst in dieser letzten Phase auch die „Nibelungen“ genannt werden – bleibt niemand am Leben, und auch Kriemhild wird schließlich erschlagen.

---

3 Nibelungenlied 1979.

4 Zur Ein- und Weiterführung in die Forschung vgl. Heinzle 2005.

Ich habe die Eigenständigkeit dieser Konzeption betont, weil bis heute die künstlerische Leistung des Autors unterschätzt wird. Die moderne Nibelungenforschung geht mehr oder weniger davon aus, dass das Epos sich über mehrere Vorformen und Frühfassungen entwickelt hat und erst allmählich „in ein Ganzes zusammengesungen" wurde. Abgesehen davon, dass sich von diesen Frühfassungen nie eine Spur gefunden hat, übersieht man dabei die künstlerisch überlegte und ausgefeilte Komposition des Ganzen. Was allerdings auch leicht zu übersehen ist, weil uns modernen Menschen die Denk- und Empfindungsweise des Mittelalters unendlich fremd geworden ist, viel fremder als die der Antike, die uns durch diverse klassizistische Schübe unserer Kultur nahegebracht wurde. Die Intentionen eines mittelalterlichen Künstlers sind deshalb auch nur schwer und immer mit Vorbehalt nachzuvollziehen. Ich will das hier zumindest skizzenhaft wagen.

Blicken wir dazu zunächst auf die Raum-Zeit-Struktur des Epos. Von Anfang an ist die Weit-Räumigkeit des Handlungsraums auffällig: Siegfried zieht aus seiner niederländischen Heimat in Xanten nach Worms, begleitet die Burgunder auf einem Feldzug gegen die Sachsen und Dänen, anschließend auf einer Schifffahrt nach Isenland (dessen geographische Lage allerdings unklar bleibt), um dann, verheiratet mit Kriemhild, in seine Heimat zurückzukehren – ein Herrschaftsgebiet, das sich offensichtlich bis nach Norwegen hinaufzieht, denn dort wird das Königspaar von Gunters Boten angetroffen, die sie nach Worms einladen. Dieser neuerliche Besuch in Kriemhilds Heimat wird dann zu Siegfrieds letzter Reise, auf einem Jagdzug im Odenwald wird er ermordet. Der zweite Teil wird bestimmt von einer einzigen großen West-Ost-Bewegung, von Worms ins Hunnenreich, zunächst von Kriemhild allein, dann der Burgunder, die mit ihrem ganzen Heer zum Verwandtenbesuch über die Donau aufbrechen. Das Hunnenreich selbst wird als ein schier endloser Raum angedeutet, Russen und Griechen, Polen und Walachen, Dänen und Thüringer, Kiewer und Petschenger sind bei der Hochzeit Kriemhilds mit Etzel anwesend und erweisen der neuen Hunnenkönigin ihre Ehrerbietung. Die Handlung wird also immer wieder durch Bewegung im Raum stimuliert, einem Raum der die ganze damalige Welt zu umfassen scheint.

Entsprechend weiträumig sind auch die Zeitstrukturen. Bei seinem ersten Aufenthalt in Worms dauert es über ein Jahr, ehe Siegfried zum ersten Mal Kriemhild trifft, obwohl er eigentlich nur deswegen gekommen war. Nach ihrer Hochzeit residieren die beiden zehn Jahre in den Niederlanden, ehe sie sich zum fatalen Besuch in Worms bewegen lassen, der Siegfried das Leben kosten wird. Dreizehn Jahre trauert Kriemhild um ihn, bevor sie sich zur Verbindung mit Etzel bewegen lässt, und sieben Jahre lebt sie im Hunnenland, ehe sie ihre Brüder zu einem Besuch bewegen kann. Das entspricht einer Gesamt-Handlungsdauer von mindestens 31 Jahren. Man hat also nicht nur viel Raum in diesem Epos, man lässt sich auch viel Zeit.

Auffällig ist allerdings, dass sich im letzten Teil der Handlung, wenn die Burgunder ins Hunnenland ziehen, Raum und Zeit immer mehr verengen. Die ganze Reise ist eher ein Heer- als ein Festzug. Die Burgunder marschieren gepanzert wie die Schildkröten durchs Land, sozusagen mit einem Tunnelblick, ohne nach links oder rechts zu schauen, und zetteln unterwegs auch noch einen ganz unnötigen Krieg gegen die Bayernfürsten Else und Gelfrat an. Nach der Ankunft in Etzels Burg reduziert sich die Handlungszeit auf drei Tage und zwei Nächte, einen Tag und eine Nacht, in dem sich der Konflikt drohend anbahnt, die restlichen zwei Tage und eine Nacht, in denen gekämpft wird, bis am Ende niemand mehr am Leben ist. Der Handlungsraum verengt sich gleichermaßen und reduziert sich in den letzten sieben Âventiuren weitgehend auf den Saal, in dem die Burgunder eingeschlossen sind und sich gegen die anrückenden Feinde zur Wehr setzen. Hier am Ende des Epos wird also die Raum-Zeit auf eine im wahrsten Sinne des Wortes dramatische Weise verengt; der Endkampf der Burgunder spielt sich gleichsam in einem Bühnenraum ab, in dem die verschiedenen Kämpfe wie Akte aufeinander folgen, strukturiert durch jeweils unterschiedliche Gegner, deren Vorgehen unterschiedlich motiviert wird, dramatisch komponiert in dramatischer Echtzeit.

Wir haben es also mit einer zunächst unendlich weiten Raum-Zeit zu tun, die sich in der zweiten Hälfte immer mehr verengt und schließlich im raum- und zeitlosen Punkt des Todes endet. Dieser Reduzierung der Raum-Zeit bis ins Nichts hinein entspricht eine Verengung des geistigen Raums, des Raums also, in dem die Figuren sich als soziale Wesen bewegen, aus dem sie ihre Werte, ihre Handlungsimpulse und Motive beziehen. Um diesen geistigen Raum des Nibelungenliedes zu verstehen, muss man auf ein Motiv verweisen, das uns aus unserer modernen Sicht heraus als ein blindes, ein funktionsloses erscheint, das aber für das mittelalterliche Denken – mit dem wir es hier ja zu tun haben – eine ganz entscheidende, eine zentrale Stelle einnimmt, von dem ausgehend man das ganze Epos begreifen kann. Es ist das Motiv des Schenkens, des Gebens. Es ist die Freigebigkeit, mittelhochdeutsch „*milte*", die, laut Max Wehrli, „in der Welt der feudalen Dienst- und Lohn-Verhältnisse fast ein rechtlich-wirtschaftlicher Begriff" ist.[5] Insbesondere in der ersten Hälfte werfen die Leute geradezu exzessiv mit Geld- und Sachwerten um sich. Wann immer irgendjemand irgendwo ankommt, wird er mit großen Festgelagen begrüßt und mit Kisten und Koffern voller Gold wieder verabschiedet, soviel seine Pferde tragen können, und die Pferde bekommt er meist auch noch

5 Wehrli 1984, S. 277.

dazu. Es ist auffällig, dass dieses hemmungslose Um-sich-werfen mit Geschenken mit der Weiträumigkeit der Handlung korrespondiert, denn diese Weite muss mit langen Reisen überbrückt werden, und diese Reisen wiederum scheinen nur den Zweck zu haben, am Ende der Reise materielle Güter auszutauschen. Ganz zu schweigen davon, dass man selbstverständlich am Beginn der Reise sich und seine sämtlichen Begleiter üppig mit prächtigen Kleidern, kostbaren Waffen und schimmernden Pferdegeschirren ausstattet.

Dieses bewusste Zurschaustellen von Materialität, von Reichtum und Überfluss, macht auf den modernen Leser einen eher abstoßenden Eindruck, es wirkt wie das Geprotze von Neureichen, das in unserer Gesellschaft (die ein völlig anderes Verständnis von Kapitalaustausch hat) eher soziale Ächtung als Anerkennung zur Folge hätte. In modernen Bearbeitungen des Stoffes wird es deswegen ganz weggelassen oder höchstens in parodistischer Absicht aufgegriffen. Es scheint mir im Nibelungenlied aber viel zu bewusst eingesetzt, als dass es sich dabei nur um eine formelhaft eingesetzte epische Floskel handeln könnte, und viel zu häufig, als dass es nur Ausdruck einer Lust an der Materialität sein könnte, die im Epos ja schon seit der *Illias* immer eine Rolle gespielt hat. Ich glaube vielmehr, dass dieses Motiv eine zentrale Rolle bei der Deutung des Werkes spielen kann. Man muss sich nur daran gewöhnen, dass das, was uns als Unsitte erscheint, im Mittelalter eine Tugend war.

Großzügigkeit und Freigebigkeit, „*milte*", erwartete und verlangte man von einem vorbildlichen Herrscher, er musste sich der Treue seiner Vasallen durch reichlich bemessene Geschenke immer wieder versichern.[6] Kaum ein mittelhochdeutscher Dichter, der nicht in diesem Sinne an die Freigebigkeit seiner fürstlichen Gönner appelliert (man denke an die Spruchdichtung Walther von der Vogelweides). Der anonyme Autor des Nibelungenliedes, der ja ebenfalls für eine höfische Gesellschaft dichtet, überhöht und verabsolutiert diese Tugend zum entscheidenden gemeinschaftsbildenden Faktor. Wer schenkt, versichert sich des Beschenkten, und wer sich beschenken lässt, steht in der Schuld des Schenkenden. Die Geschenke verknüpfen also die Menschen miteinander, sie lassen eine vertrauensvolle Beziehung entstehen, die wiederum zur inneren Stabilität einer Gesellschaft beiträgt.

---

6 „Im prunkvollen Auftreten bezeugte sich die ‚Majestät' (*maiestas*) des Herrschers, seine Erhabenheit und seine ‚Hoheit' (*magnificentia*). In diesem Zusammenhang war die Herrschertugend der ‚Freigebigkeit' (*liberalitas*, *largitas*) von besonderer Bedeutung, die sich christlich im Almosenspenden (*largitas elemosiarum*), in der liebenden Fürsorge für die Bedürftigen (*caritas*) und in kirchlichen Stiftungen manifestierte. Ihre weltliche Erscheinungsform war die Aufwendigkeit der kaiserlichen Bewirtung und Geschenke." (Bumke 1986. Bd. 2, S. 385f.)

Am deutlichsten wird das am Anfang, in der 4. und 5. Âventiure, beim Krieg gegen die Sachsen und Dänen. Die Boten, die nach Worms kommen, um die Kriegserklärung zu überbringen, fühlen sich verständlicherweise gar nicht wohl in ihrer Haut und befürchten das Schlimmste, werden aber – zu ihrer eigenen Überraschung – in vornehmen Quartieren untergebracht und bei ihrer Abreise sogar noch beschenkt. Das kann zwar den Krieg selbst nicht verhindern, aber es leitet doch, nach der Niederlage der Sachsen und Dänen, zu Friedensverhandlungen über, die auf einen gütlichen Ausgleich hinauslaufen. Die gefangenen Könige werden in Worms großzügig bewirtet, der verwundete Sachsenkönig Lüdegast wird gesundgepflegt, und beim Abschied verzichtet man, auf Anraten Siegfrieds, gänzlich auf jedes Sühnegeld. Auf diese Weise werden aus Feinden Freunde und dem Krieg folgt eine stabile Friedensordnung. Oberflächlich betrachtet ist diese Sachsenkrieg-Episode nur eine Abschweifung von der Haupthandlung und kann leicht ausgelassen werden (was moderne Bearbeiter in der Regel auch tun). Tatsächlich wird hier aber das Kernthema etabliert, dass durch die Tugend der Freigebigkeit – modern gesprochen: durch eine Ethik des Teilens – eine gerechte und friedliche Gesellschaftsordnung gestaltet werden kann. Gleichzeitig wird die tragische Fallhöhe angedeutet, die das Scheitern ebendieser Gesellschaft bedingt.

Ironischerweise ist es derselbe großzügige und freigebige Siegfried, der diese Gesellschaft einerseits auf ihren Höhepunkt führt, andererseits aber auch den Samen des Untergangs in ihr pflanzt durch die Art und Weise, wie er Brunhild für König Gunter gewinnt, nämlich indem er sie belügt und betrügt und letzten Endes sogar vergewaltigt. Er tut es, um dadurch Kriemhild für sich zu gewinnen – ein denkbar schlechter Tausch, dem er noch die Krone dadurch aufsetzt, dass er den von Brunhild erbeuteten Gürtel an Kriemhild verschenkt. Der Autor bemerkt dazu in einem seiner seltenen Kommentare, er wisse nicht, ob es aus Übermut geschehen sei (Str. 680), d. h. ob Siegfried sich überhaupt etwas dabei gedacht habe. Das Motiv des Schenkens erscheint hier ins Negative gewendet, und die negative Seite des freigebigen Siegfried ist seine – im Wortsinn verstandene – Bedenkenlosigkeit, um nicht zu sagen: Amoralität.

Dieses falsch angebrachte Geschenk des Gürtels ist es, das zu Siegfrieds Ermordung führen wird, denn Kriemhild hat nichts Klügeres zu tun, als damit vor Brunhild zu prahlen, dass Siegfried sie zuerst gehabt und an Gunter weiterverschenkt habe. Der Mord an Siegfried ist dann nicht nur die Bruchstelle zwischen den beiden stofflich so verschiedenen Hälften des Epos, sondern auch der Dreh- und Angelpunkt, von dem aus das zentrale Motiv des Schenkens sich konsequent in sein Gegenteil verkehrt. Burgund ist von nun an eine Gesellschaft, die buchstäblich nichts mehr zu verschenken hat, sondern das einmal erreichte nur noch festzuhalten versucht. Exakt auf der Nahtstelle zwischen den beiden Teilen, in der 19. Âventiure, wird Kriemhild der Nibelungenhort durch Hagen gestohlen, der dann nichts anderes damit anzufangen weiß, als ihn im Rhein zu versenken. Der Hort, der symbolisch für Siegfrieds Freigebigkeit steht, wird also buchstäblich aus dem Verkehr gezogen, was gleichsam eine Verneinung der „*milte*", der Ethik des Gebens und Teilens ist, und diese Negation einer gesellschaftlichen *Caritas* wird jetzt bis zum bitteren Ende weiterverfolgt.

Der Zug der Burgunden ins Hunnenland ist zugleich ein Zug ins gesellschaftliche Nichts. Schon beim Übergang über die Donau zeigt sich, dass sie ohne Siegfried die Fähigkeit verloren haben, mit anderen Völkern zu einem Ausgleich zu kommen. Dem Fährmann, der sie übersetzen soll, bietet Hagen eine Schmuckspange als Bezahlung an. Das mag nun an sich kein schlechtes Fährgeld sein, aber im Kontext des Epos, wo bisher immer in riesigen Quantitäten gegeben und verschenkt wurde, wirkt es absolut lächerlich, es wirkt wie der absurde Versuch eines Geizhalses, großzügig zu erscheinen. Der Fährmann lehnt empört ab, Hagen erschlägt ihn, und infolgedessen müssen sich die Burgunder ihren Weg gegen die bayrischen Fürsten, deren Gefolgsmann der Fährmann war, freikämpfen. Diese Âventiure korrespondiert exakt mit der Sachsenkrieg-Episode im ersten Teil. Gelang es dort, aus Feinden Freunde und Verbündete zu machen, bleibt hier nur ein sinnloser Kampf, aus dem nichts Gutes mehr folgt.

Hagen diskreditiert sich damit als Siegfrieds Nachfolger, er zeigt sich als unfähig, dessen „Erbe" zu übernehmen. Er ist in allem Siegfrieds Gegenteil; wo dieser großzügig war ohne nachzudenken und amoralisch ohne bösen Willen, ist Hagen in allem klar, intellektuell, überlegt, er tut nie einen Schritt, ohne ihn genau bedacht zu haben. Aber da er nicht zu geben und zu teilen vermag, da ihm die „*milte*", die Freigebigkeit fehlt, nützen ihm all seine Pläne nichts, er kann sein Volk nicht zu neuen Ufern führen, er kann es nur in den Abgrund treiben. Der Weg, den sie beschreiten, wird physisch wie geistig immer enger, mit jedem Schritt vorwärts schwinden die Möglichkeiten, weil sie immer weniger zu geben bereit sind und daher auch immer weniger Aussicht haben etwas zu empfangen.

Ein letztes Mal kommt es zu einer Geste des Austauschs, als die Burgunder sich in der Halle verschanzt haben und Rüdiger von Bechlarn mit seinen Männern anrückt, um gezwungenermaßen gegen sie zu kämpfen. Rüdiger ist die tragischste Figur im Nibelungenlied, er ist durch einen Eid an Kriemhild gebunden, aber durch Freundschaft an die burgundische Königsfamilie, und wird in diesem originär tragischen Konflikt zerrieben. Als er den Kampf nicht mehr vermeiden kann, tauscht er mit Hagen seinen Schild, das ist das letzte Geschenk, das im Epos gemacht wird, und die letzte Geste von Menschlichkeit. Aber sie bleibt nur eine

Geste, denn der Kampf bricht unmittelbar darauf aus, und Rüdiger, der letzte aktive Vertreter der Ethik des Teilens, kommt dabei ums Leben. Als dann die Männer Dietrich von Berns die Herausgabe von Rüdigers Leichnam fordern, verweigern die Burgunder es; zu *dieser* menschlichen Geste sind sie nicht mehr fähig, und das darauf folgende Gemetzel überlebt niemand außer Gunter und Hagen. Vom gefangenen Hagen verlangt Kriemhild die Herausgabe des Nibelungenhorts, und auch jetzt verweigert dieser es wieder, woraufhin er und Gunter umgebracht werden, während Kriemhild von Dietrich von Berns letztem überlebenden Vasallen Hildebrand ermordet wird. So bestimmt das Motiv des Gebens bzw. des Nicht-Gebens das Epos bis zum bitteren Ende. Der Hort als Symbol der Ethik des Teilens bleibt verloren, die Gesellschaft, die nicht mehr fähig war, irgendetwas zu geben, ist untergegangen.

Die Burgunder werden von dem Moment an, da sie sich auf die Reise zu Etzels Burg machen, als „Nibelungen" bezeichnet, ein Name, der bis dahin für Siegfrieds Herrschaft und den damit verbundenen Nibelungenhort reserviert war. Dass die Burgunder jetzt ihren eigenen Namen verlieren und den des von ihnen ermordeten Siegfried übernehmen, deutet symbolisch darauf, dass alles, was sie von nun an tun, gewissermaßen unter dem Bann und Schatten ihrer Verbrechen geschieht. Sie sind nicht länger die Burgunder, sie sind diejenigen, die Siegfried ermordet und seinen Hort geraubt haben. Eine andere Identität haben sie nicht mehr. Ganz am Ende schließlich, in den letzten vier Âventiuren werden sie auch nicht mehr als „Nibelungen" bezeichnet, sondern – im mittelhochdeutschen Original – als „ellende", was Karl Simrock treffend mit „die Heimatlosen" übersetzt; man könnte auch „die Verbannten" oder „die Entwurzelten" sagen. Sie haben jetzt also nicht nur ihren Namen, sie haben auch ihre Heimat, und damit ihre Identität verloren: Es gibt keinen Ort mehr, zu dem sie zurückkehren könnten, ihre einzige Heimat ist der Tod. Und diese Art von Heimatlosigkeit ist eine Qualität tragischer Figuren.

Ich habe jetzt viel Raum und Zeit darauf verwendet zu zeigen, dass das Nibelungen-Epos eine in sich einheitliche Raum-Zeit ausfüllt. Es bleibt nur noch wenig Raum, um zu meinem eigentlichen Thema überzulenken, der Dramatisierung des Epos. Es war mir aber wichtig auf die einheitliche künstlerische Konzeption hinzuweisen, die sich im Nibelungenlied ausdrückt. Darin bin ich einer Meinung mit Friedrich Hebbel, der sich in den 1850er Jahren daran machte, das Epos zu dramatisieren. Hebbel war ein entschiedener Gegner der sogenannten Liedertheorie, der zufolge sich das Epos aus kleineren, unabhängig voneinander überlieferten Segmenten zusammensetzt, die schließlich von einem Redakteur mehr schlecht als recht in eine Form gepresst wurde. Für Hebbel war hier kein Redakteur, sondern ein „großer Dichter" und „gewaltiger Schöpfer" am Werk, und in einer etwas übertriebenen und daher nicht ganz glaubwürdigen Bescheidenheitsgeste stilisierte er sich selbst als „Dolmetsch eines Höheren“[7], dessen einzige Absicht es gewesen sei „den dramatischen Schatz des Nibelungen-Liedes für die reale Bühne flüssig zu machen“. Der anonyme Autor, so Hebbel weiter, sei „in der Conception Dramatiker vom Wirbel bis zum Zeh“, und seine – Hebbels – Aufgabe sei es gewesen, „ihm mit schuldiger Ehrfurcht für seine Intentionen auf Schritt und Tritt zu folgen, soweit es die Verschiedenheit der epischen und dramatischen Form irgend gestattete“[8], bzw. „seine Stimme in der engeren und knapperen Form des Dramas, wie in einem Sprachrohr, zu verdichten und zu verstärken“.[9] Die Intention ist also, einen klassischen epischen Stoff in eine klassische dramatische Form zu gießen.

Der allzu ehrfurchtsvolle Tonfall, der sich bei Hebbel bemerkbar macht, hat auch damit zu tun, dass das Nibelungenlied zu dieser Zeit schon zum deutschen Nationalmythos erhoben worden war, und das musste für jeden Bearbeiter zum Problem werden, insofern es weniger Ansporn als Warnung beinhaltete: Mit einem Nationalmythos kann man nicht bedenkenlos umgehen, man muss gewissermaßen außerliterarische Rücksichten nehmen, die dennoch innerliterarische Konsequenzen nach sich ziehen. Das war ein Problem, das Hebbel einige Magenschmerzen bereitete, weshalb er mit einer gewissen Ängstlichkeit an die Arbeit ging, die sonst gar nicht typisch für ihn war.

Wir sehen also, dass sich für den modernen Bearbeiter des Nibelungenstoffes ein Raum öffnet, der ursprünglich nicht vorhanden ist, sondern sich erst durch die Rezeption eines jahrhundertealten Literaturwerks öffnet. Man könnte ihn als den ideologischen Raum bezeichnen, der alle die Elemente enthält, die aus einem mittelalterlichen Versepos einen Nationalmythos machen, also Elemente, die ein Dichtwerk aus einer Zeit, die einen Nationalbegriff noch gar nicht kannte, derart uminterpretieren, dass sie mit einer Epoche, die vom Nationalgedanken geradezu besessen war, kompatibel wird. Es würde zu weit führen diese Elemente jetzt benennen zu wollen, aber eines scheint mir – in unserem Zusammenhang – ganz deutlich zu sein, nämlich dass dieser ideologische Raum verengend wirkt für Jemanden, der diesen Stoff bearbeiten will. Denn sie zwingen ihn zu

---

7 So mehrfach in brieflichen Äußerungen, z. B. im Brief an seine Frau vom 3. Februar 1861, wo er die Formulierung aus einem Gespräch mit dem Großherzog Alexander von Sachsen-Weimar zitiert. Vgl. Briefwechsel 1999, Bd. 4, S. 136.

8 Aus der ungedruckten Vorrede der *Nibelungen*, zitiert nach: Hebbel 1911/13, Bd. 13, S. 337.

9 Brief an die Gesellschaft „Hesperus“ vom 24. März 1861. Briefwechsel 1999, Bd. 4, S. 152.

außerliterarischen Rücksichtnahmen, die unweigerlich auch innerliterarische Folgen haben. Und das gilt nicht nur für Hebbel im 19., sondern ebenso auch für Moritz Rinke im 21. Jahrhundert.

Dieser ideologische Raum betrifft nun eher die Vorbedingungen, die sich dem Bearbeiter stellen, er ist insofern eher ein Vor-Raum, durch den der Autor gehen muss ehe er zum eigentlichen Stoff gelangt. Diesen selbst betreffend werden vor allem natürlich die formalen Unterschiede zwischen Epik und Dramatik wirksam, die sich praktisch als drastische Reduzierung der Raumzeit bemerkbar machen wird. Ich habe bereits oben dargelegt, dass das Nibelungenlied sich in einem Zeitraum von ca. 31 Jahren in einem Großteil des damals bekannten Europa abspielt, und diese riesenhafte Raumzeit muss auf ein theatralisch vertretbares Maß reduziert werden, und dennoch so viel Platz schaffen wie es der Bühnenraum praktischerweise erlaubt und die Ästhetik theoretisch zulässt. Hebbel schwankte jahrelang hin und her, ob er den Stoff in ein einziges fünfaktiges Drama destillieren sollte – was aber jeden Akt sehr umfangreich gemacht hätte – oder gemäß der Zweiteilung des Epos in zwei unabhängige Dramen aufzuteilen. Er entschied sich relativ spät erst für die Form der Trilogie, wie sie durch Schillers *Wallenstein* in die moderne Dramengeschichte eingeführt und dadurch ästhetisch sanktioniert worden war. Demzufolge wurde der Stoff gruppiert in ein einaktiges Vorspiel *Der gehörnte Siegfried*, das die Exposition enthält, und zwei jeweils fünfaktige Dramen *Siegfrieds Tod* und *Kriemhilds Rache*, die der durch das Epos vorgegebenen Zweiteilung des Stoffs folgen.

Wie allgemein bekannt sein dürfte, arbeitete zur gleichen Zeit Richard Wagner an seinem *Ring des Nibelungen*-Zyklus, der noch gewaltigere Raum-Zeit-Dimensionen umfasst. Aber abgesehen von allen anderen Unterschieden plante Wagner für ein eigenes Festspielhaus und einen viertägigen Aufführungszyklus, für den die Zuschauer extra anreisen und für die Dauer der Aufführung vor Ort bleiben sollten, abseits ihrer normalen Lebenssphäre. Hebbel dagegen hatte den realen Theaterbetrieb im Auge, der den Besuchern die Möglichkeit gibt, nach Ende der Aufführung wieder nach Hause zu gehen. Er sanktionierte deshalb ausdrücklich auch die Einzelaufführung der Teil-Stücke, er bestand nicht auf der Geschlossenheit des Zyklus. Dies auch deshalb nicht, weil der Stoff als Ganzes ja durchaus bekannt war. Der gebildete bürgerliche Zuschauer des 19. Jahrhunderts wusste, was auf Siegfrieds Tod folgte, wie er auch wusste, was Kriemhilds Rache voraus ging. Hier wird der ideologische Raum wirksam, in den sich Hebbels Bearbeitung hineinstellt und der in diesem Fall eine stützende Funktion ausübt. Er sorgt, trotz der großen Dimensionen des Ganzen, für eine gewisse aufführungspraktische Variabilität und Anpassungsfähigkeit an die jeweiligen Gegebenheiten.

Wagner, der seinen eigenen Mythos kreierte, hatte diesen Vorteil nicht und musste schon deshalb auf geschlossener Aufführung seines Zyklus bestehen.

Die frühe Rezeptionsgeschichte von Hebbels 1861 uraufgeführten *Nibelungen* zeigt, dass dieses Angebot auch durchaus genutzt wurde. Trotz des unbestreitbaren Theatererfolgs wurden hauptsächlich die ersten beiden Teile aufgeführt, während *Kriemhilds Rache* eher selten inszeniert wurde. In der zeitgenössischen Kritik findet sich häufig der Vorwurf, dass dieser letzte Teil der Trilogie zu episch geraten sei. Man wird sich erinnern, wie ich oben dargelegt habe, dass gerade am Ende des Nibelungenlieds die epische Raumzeit sich der dramatischen annähert, insofern scheint hier ein Widerspruch vorzuliegen. Aber von der Dramenästhetik des 19. Jahrhunderts aus betrachtet reihen sich am Ende tatsächlich nur noch Gewaltszenen aneinander. Der ethische Konflikt wird sozusagen vom militärischen überdeckt, und dieses Problem haben Inszenierungen im Grunde bis heute.

Das führt dann dazu, dass in modernen Inszenierungen (z. B. in Worms 2014[10]) der Zug der Nibelungen ins Hunnenland gleichgesetzt wird mit dem Rußlandfeldzug der Wehrmacht. Faktisch gesehen ist das eine krasse Fehlinterpretation, denn unterschiedlicher könnten die Motive kaum sein als die zwischen Hitlers Angriffskrieg 1941 und dem Zug der Nibelungen, der von vornherein unter dem Schatten des Todes steht. Auch hier haben wir eine Wirkung der ideologischen Raumzeit, die in diesem Fall verzerrend wirkt, weil sie den nationalen Nibelungenmythos mit den Verbrechen des Nationalsozialismus konnotiert. Liest man genau und unvoreingenommen, dann findet sich weder im mittelalterlichen Nibelungenlied noch in Hebbels Trilogie irgendetwas, was sich als Begründung oder Rechtfertigung großdeutschen Strebens interpretieren ließe. Aber dieser ideologische Raum ist nun einmal da und lässt sich nur durchbrechen, wenn man den Texten ihr Recht lässt und sie genau liest.

Die Themen, die Hebbel in den ersten beiden Teilen etabliert hatte, sind nämlich auch im letzten durchaus vorhanden, und gerade in ihrer konsequenten Durchführung liegt eine der Qualitäten seiner Bearbeitung. Aber natürlich sind es nicht mehr die Themen, die im mittelalterlichen Nibelungenlied verhandelt wurden. Die künstlerische Bedeutung des Epos liegt gerade darin, wie es dem anonymen Autor gelingt, aus disparaten Quellen eine in sich einheitliche Raumzeit zu schaffen, das von einem übergreifenden Thema, der Ethik des Teilens, der Freigebigkeit und „*milte*" als gesellschaftsbildende Herrschertugend, dominiert wird. Dieses Thema allerdings, seine ethische Begründung und künstlerische Gestaltung, wird

10 „Hebbels Nibelungen – Born this way". Bearbeitet und inszeniert von Dieter Wedel. Aufführung der Nibelungenfestspiele Worms vom 18. 7. bis 3. 8. 2014.

im 19. Jahrhundert schlichtweg nicht mehr verstanden. Die Motive des Schenkens und Gebens, die im Epos so exzessiv ausgebreitet werden, sieht man jetzt nur noch als sinnloses Füllmaterial, das in allen Bearbeitungen, ob dramatischer oder prosaischer Art, als erstes gestrichen wird.

Wir wissen auch, dass das Mittelalter keine Tragödie im eigentlichen Sinne gekannt hat, weil in seinem religiösen Ordnungsdenken jeder Konflikt sich in Gott bzw. durch die christliche Ethik auflöste. Die Struktur des Nibelungenliedes ist eher eine chiliastische, d. h. es überkreuzen sich darin zwei Bewegungen, eine aufwärtsstrebende und eine abwärtsstrebende, beide bezogen auf das zentrale Motiv des Gebens und Teilens, die eine Bewegung bejahend, die andere verneinend. Diese Bewegungen überkreuzen sich mehrfach und sind in ständiger Korrespondenz zueinander, aber sie stehen nicht in diametralem Konflikt zueinander. Für Hebbel dagegen war die ganze Welt dualistisch gespalten, und dieser Dualismus war nur tragisch aufzulösen. Daher sah er im Nibelungenstoff das genuin Tragische, aber nicht das Korrespondierende. Die Kontroversen des 19. Jahrhunderts sind die einer säkularen Welt, sie lassen sich nicht mehr religiös vermitteln, sie müssen in direktem Konflikt ausgetragen werden.

Hebbels Überarbeitung ähnelt also ein wenig der Restaurierung eines historischen Gebäudes, dem man zwar die historische Fassade lässt, das Innere aber mit modernen Appartmentwohnungen ausstattet. Die Hauptarbeit bestand für Hebbel darin, diese Innenräume neu auszustatten. Was im Epos eine einzige große Raumzeit gewesen war, wird nun in verschiedene, mehr oder weniger große Räume segmentiert, die alle der leitenden Absicht dienen, den tragischen Konflikt zu etablieren. Angesichts der knappen Raum-Zeit, die mir noch bleibt, kann ich diese Räume, mit denen Hebbel das große epische Gebäude füllt, nur andeuten und muss mir eine genauere Ausarbeitung für später vorbehalten.

Der erste dieser Räume ist die Psychologie. Es ging darum, wie Hebbel sagt, „die Basreliefs des alten Liedes von der Wand abzulösen, ohne ihnen ihren Charakter zu nehmen und ihnen genug, aber nicht zu viel Eingeweide zu geben“[11], d. h. den zweidimensionalen Figuren des Liedes eine dreidimensionale psychologische Präsenz zu geben und ihre Handlungen aus ihrem Wesen heraus zu motivieren.

Der zweite Raum ist der historische. Statt des geschichtslosen Raums des Epos wird die Handlung im Übergang vom Heidentum zum Christentum, von der Spätantike zum Frühmittelalter verankert. Wenn die Trilogie mit Dietrich von Berns Worten: „Im Namen dessen, der am Kreuz erblich“ endet, ist das

---

11 Brief an Franz Dingelstedt vom 31. März 1860. Briefwechsel 1999, Bd. 4, S. 19.

nicht als Apologie oder Affirmation des Christentums zu verstehen, sondern im Sinne der Hegelschen Geschichtsphilosophie als Etablierung einer neuen kulturellen Leitidee.

Drittens der ethnische Raum. In der einheitlichen Raumzeit des Epos gibt es keine spürbaren nationalen, rassischen, religiösen oder kulturellen Unterschiede zwischen Burgundern, Niederländern und Hunnen. Alle bewegen sich in einer einheitlichen höfischen Kultur, und ausgerechnet der Heide Etzel repräsentiert das Ideal der mittelalterlichen Universalmonarchie, in der Heiden wie Christen gleich behandelt werden. Hebbel dagegen erweitert das Konfliktpotential, indem er ethnische Gegensätze einführt, z. B. Brunhild als Fremde, als heidnische Barbarin darstellt, die am burgundischen Königshof schon deshalb aneckt, weil sie eine kulturfremde Außenseiterin ist, die sich nicht integrieren lässt.

Viertens der mythische Raum. Den Hass Brunhilds auf Siegfried, der im Epos nicht deutlich genug motiviert wird, unterlegt Hebbel mit einer mythischen Begründung, die aus Brunhild eine Art Walkyre macht, die in Siegfried auf den „letzten Riesen“ trifft, den sie wie aus einem inneren Zwang, einer mythischen Gesetzlichkeit heraus vernichten muss. Auch der geschichtliche Umschwung, von dem oben die Rede war, wird mit einem mythischen Zyklenwechsel begründet, demzufolge die Welt sich in einer Art naturmythischen Vorgang erneuern muss. Ich möchte bei der Gelegenheit auf die seltsame Ironie hinweisen, die darin liegt, dass das mittelalterliche Epos in seinem Zugriff auf den Stoff viel rationaler vorgeht als das Drama aus dem scheinbar so rationalen 19. Jahrhundert. Denn in jenem werden die fantastischen Elemente auf das unbedingt notwenige Maß zurückgedrängt, in diesem dagegen noch hervorgehoben und durch neu hinzugekommene vermehrt.[12] Das entspricht einer Tendenz zur Re-Mythisierung der Welt, die das 19. Jahrhundert durchzieht und bei Richard Wagner bekanntlich noch deutlicher sichtbar wird.

Dies scheinen mir die wichtigsten Teil-Räume zu sein, in die Hebbel den Nibelungen-Stoff segmentiert, um die tragischen Aspekte darin verstärken zu können. Das große Raum-Zeit-Kontinuum des Epos muss er dazu allerdings aufbrechen, aber er schafft es doch, an die Stelle der mittelalterlichen Leitidee, die nicht mehr verstanden wird, eine andere zentrale Problematik zu stellen, die der

12 Hebbel selbst betont in seiner ungedruckten Vorrede die „künstlerische Weisheit“ des Nibelungenlied-Dichters, der „den mystischen Hintergrund seines Gedichts von der Menschen-Welt (...) abzuschneiden gewußt“ habe (Hebbel 1911/13, Bd. 13, S. 338). Er selbst konnte aber nicht völlig darauf verzichten, auch wenn er viele dieser „neomythischen“ Passagen aus der endgültigen Druckfassung seiner *Nibelungen* wieder strich. Vgl. Reinhardt 2008.

Neuzeit angemessener ist: den Gegensatz zwischen Recht und Rache und den notwendigen Untergang einer Gesellschaft, die nicht mehr in der Lage ist, ihren Mitgliedern Gerechtigkeit garantieren zu können.[13]

Richard Wagners *Ring des Nibelungen* bearbeitet den Stoff bekanntlich auf ganz andere und sehr individuelle Weise und ist deshalb auch ein – wenn auch vielbewunderter – Solitär geblieben, der keine unmittelbaren Nachfolger gefunden hat. Dagegen ist Hebbels Modernisierung des Stoffes vorbildhaft geworden für alle, die sich nach ihm mit den Nibelungen beschäftigt haben, einschließlich des Stummfilms von Fritz Lang. Insbesondere Hebbels Psychologisierung der Figuren und die daraus folgende Motivierung ihrer Handlungen hat in vielen neueren Bearbeitungen des Stoffes ihre Spuren hinterlassen.

Das gilt auch für die letzte dramatische Bearbeitung, die Moritz Rinke für die Wormser Nibelungenfestspiele schrieb. Eine erste Fassung, die den ganzen Stoff auf einen Abend reduzierte, wurde 2002 auf der Freilichtbühne am Wormser Dom uraufgeführt. Aber auch hier machte sich die epische Geschlossenheit des Stückes bemerkbar, der solche starken Reduktionen nur schwer zulässt. Rinke schrieb eine zweite Fassung, bei der der Stoff nun wieder auf zwei Teile verbreitert wurde. Der erste Teil, *Siegfrieds Frauen*, wurde am gleichen Ort in Worms 2006, der zweite Teil, *Die letzten Tage von Burgund* 2007 uraufgeführt.[14]

Rinke folgt, wie gesagt, in vielen Aspekten eher Hebbel als dem Epos (was bis zu wörtlichen Anklängen reicht), aber mehr noch als der Autor des 19. hat derjenige des 21. Jahrhunderts es mit dem ideologischen Raum zu tun, von dem ich oben sprach, der hier viel stärker im Sinne einer Begrenzung und Beschränkung eingreift. Der Missbrauch des Nibelungen-Mythos' im 3. Reich – der einmal genauer untersucht werden sollte, um festzustellen, ob und inwieweit er eigentlich stattfand – dieser Missbrauch lässt dem modernen Autor kaum eine andere Wahl als den Stoff ironisch zu behandeln, also in Form einer Parodie. Die Parodie hat von vornherein einen sehr viel engeren Raum zur Verfügung,

13 Diese Problematik, und wie sie die Dramentrilogie strukturiert, kann hier nicht näher ausgeführt werden. Es seien nur auf Dietrich von Berns Worte aus dem 5. Akt von *Kriemhilds Rache* hingewiesen, in denen die tragische Entwicklung zusammengefasst wird: „Hier hat sich Schuld in Schuld zu fest verbissen, / Als dass man noch zu einem sagen könnte: / Tritt Du zurück! Sie stehen gleich im Recht. / Wenn sich die Rache nicht von selbst erbricht / und sich vom letzten Brocken schaudernd wendet, / so stopft ihr keiner mehr den grausen Schlund" (V. 5038–5043). Vgl. auch Thomsen 2012.

14 Rinke 2007. – Zur Neubearbeitung schreibt John von Düffel im Nachwort: „Mehr Raum, mehr Zeit, mehr Freiheiten mussten her, um noch tiefer zu graben, noch mehr von den Figuren und ihrer Geschichte freizulegen" (S. 243).

weil sie sich in einen schon vorhandenen Raum einfügen muss und diesen im Grunde nicht sprengen darf. Es ist Rinke anzumerken, dass er sich mit diesem beschränkten Raum nur ungern zufriedengibt und immer wieder daraus auszubrechen versucht, aber auch immer wieder davon eingefangen wird. Das gibt seinen beiden Nibelungenstücken etwas Zwiespältiges, sie schwanken ständig zwischen albernen Anachronismen und Ansätzen zu einer beeindruckenden Aktualisierung. Als leitender Gedanke wird dabei das Politische sichtbar, das von vornherein als die Gesellschaft destruierend dargestellt wird. Aber dieser leitende Gedanke kann sich nie recht durchsetzen. Der repressive Einfluss des ideologischen Raums macht sich hier sehr stark als negative Kraft bemerkbar.[15]

Ich fasse abschließend kurz zusammen: Die epische Raumzeit muss bei der Transformierung in die dramatische Raumzeit beträchtlich reduziert werden. Der Autor kann das nicht einfach nur durch mechanisches Zusammenstreichen erreichen. Er muss vielmehr die epische Raumzeit in verschiedene Teil-Räume segmentieren, um auf diese Weise dramatische Konflikte herauszuarbeiten, die die Vorlage entweder nicht kennt oder nur verborgen enthält. Daneben bekommt er es mit einem ideologischen Raum zu tun, der durch eine lange Rezeptionsgeschichte entstanden ist und seinerseits neue Konflikte etabliert, Konflikte, die vielleicht gar nichts mit dem Stoff zu tun haben, dennoch aber nicht ignoriert werden können.

Inwieweit diese Ergebnisse übertragen werden können auf aktuelle Dramatisierungen umfangreicher Romane, die eine jeweils eigene Rezeptionsgeschichte vor sich her schieben, ist eine Frage, die ich am Ende meines Aufsatzes nur stellen, aber nicht mehr beantworten kann.

---

15 Moritz Rinkes Doppel-Stück war noch nicht das letzte Wort in Sachen Nibelungen-Dramatisierung. Für die Nibelungenfestspiele Worms 2015 schrieb Albert Ostermeier ein neues Nibelungen-Schauspiel mit dem Titel *Gemetzel*, das vom 31. 7. bis zum 16. 8. 2015 in Worms aufgeführt wurde.

Jonas Klinkenberg
(*Leipzig*)

Raumkonzeptionen im heutigen Figurentheater

Ausgehend von einer Definition des Figurentheaters als eine Spielform mit spezifischem Umgang mit Material (Puppen, Masken, Objekten, Körpern, Musik) und einem bestimmten Umgang mit dem Publikum, erkennt der Autor das Figurentheater in einem Spiel mit hohen narrativen Potential der Spieler. Durch die Sichtbarmachung und das Sichtbarbleiben von Spielvorgängen, gestaltet sich der Bühnenraum als ein Raum, in dem sich imaginative und fiktive Räume mit realen überlagern und diese durch jene ergänzt werden. Damit entsteht aber auch das Paradigma, dass es nicht nur räumliche, sondern auch zeitliche Überlagerungen gibt. Denn in verschiedenen Spielebenen wird auf der Bühne durch die Platzierung anderer Räume ein enges Geflecht von fiktionalen und realen Räumen geschaffen, die z.T. die Objekte und das Material mehrschichtige Bedeutungsebenen zuordnen.

Eine wahre Fülle an qualitativ hochwertigen Figurentheaterproduktionen hat in den letzten Jahrzehnten die internationale Theaterlandschaft deutlich geprägt. Dennoch handelt es sich um ein eher peripher wahrgenommenes Phänomen – auch in der theaterwissenschaftlichen Forschung und Fachliteratur. Zunächst stellt sich bei dem Begriff Figurentheater immer die Frage, was genau damit bezeichnen werden soll – und was nicht. Eine Frage, auf die es keine so eindeutige Antwort gibt, insbesondere wenn man Theorie und Praxis gleichermaßen befragt. Im deutschsprachigen Raum gibt es seit einigen Jahren die begriffliche Unterscheidung zwischen Puppen- und Figurentheater, aber auch das ist wenig hilfreich. Eingeführt, um eine Abgrenzung zu schaffen, zwischen dem bekannten Puppentheater und einer zeitgenössischen Theaterform, die unter anderem Puppen auf der Bühne nutzt, aber dies nicht als Kern der Arbeitsweise ansehen muss, verwässerte die Unterscheidung in den letzten Jahren jedoch zusehends.

Als Basis für die folgende Betrachtung wird von einigen Grundgedanken ausgegangen.

Figurentheater ist allem voran nicht an der Präsenz von Puppen festzumachen. Die Präsenz einer Puppe ist weder ein notwendiges Kriterium für Figurentheater, noch der bestimmende Indikator, dass es sich um Figurentheater handelt. Das Figurentheater ist zunächst eine Kunstform, die sich durch den Umgang mit Material und einem bestimmten Verhältnis zum Publikum auszeichnet. Material kann dabei alles sein: Puppen, Masken, Musik, Text, Körper oder auch Objekte und Material im klassischen Sinne – Stoffe, Lehm, Luft. Die Auseinandersetzung mit dem erzählerischen Potential dieser Objekte durch das handwerkliche Können der Spielenden ist die Basis des Figurentheaters. Eine solche Suche nach dem erzählerischen Potential erfolgt durch das Experiment, das Spiel, das Ausprobieren. Agnès Limbos, Koryphäe des Objekttheaters, schreibt dazu:

> Ich arbeite nur über meine Intuition. Ich will damit sagen, dass ich immer Bilder in meinem Kopf habe, bestimmte Imaginationen. Aber ich kann darüber nicht sprechen. Ich gehe in mein Atelier, das voll unterschiedlicher Materialien ist, und suche mir Gegenstände. Fange an, mit ihnen zu spielen, ich beschäftige mich mit ihnen. Den Anfang meines schöpferischen Prozesses bilden immer Dinge und Objekte. Immer. Danach kommen die Themen von allein.[1]

Ausgangspunkt der Arbeit ist das Material, welches auf ein erzählerisches Potential untersucht wird. Es gilt nicht vorgefertigte Konzepte zu erfüllen, sondern im souveränen Spiel des Akteurs das erzählerische Moment der Inszenierung zu finden und zu kondensieren. Dabei nimmt der Regisseur im Figurentheater oft eine andere Rolle ein, als dies der Begriff im Allgemeinen intendiert – die Rolle des ersten Zuschauers und der Blick von außen steht mehr im Fokus als die Umsetzung eines Regiekonzepts. Im Rahmen dieser Definition ergibt sich ein weites Feld eines Genres, dass eine Vielzahl von ästhetischen und inhaltlichen Ausrichtungen subsummiert. Die Vielfalt und Varianz des heutigen Figurentheaters bietet natürlich dementsprechend zahlreiche Anreize für Untersuchungen. Im Zentrum der vorliegenden Betrachtung steht der Versuch, das Thema des Raumes im Figurentheater zu beleuchten und sich über einige Beispiele den spezifischen Besonderheiten von Raum im Figurentheater anzunähern. Dabei wird der *doppelte Ort* eine Rolle spielen, eine Eigenheit des Theaters im Allgemeinen, wie Gerda Baumbach in ihrem „Schauspieler" im Hinblick auf verschiedene Schauspielstile belegt.

> Dieser doppelte Ort kann ausgeschöpft, teilweise genutzt oder ausgeblendet werden. Er setzt sich zusammen aus dem einen bzw. ersten Ort der Realitätsebene, auf der zwei Gruppen – in welcher Weise auch immer – aufeinandertreffen: Akteure und Publikum. Und aus dem anderen bzw. zweiten Ort der Fiktionsebene, auf der – in welcher Verfassung auch immer – Gestalten erscheinen, gezeigt oder dargestellt werden.[2]

Dieser doppelte Ort dient als Möglichkeit unterschiedliche Erscheinungsformen von Theater zu untersuchen und zu unterscheiden. Baumbach nutzt dieses

1 Limbos 2000, S. 60–63.
2 Baumbach 2012, Bd. 1, S. 200.

Instrument und die damit verbundenen Verfahrensweisen im Umgang mit Fiktion und Realität, um Schauspielstile zu untersuchen und zu definieren. Auch für die Betrachtung von Figurentheater ist diese Grundidee von Doppelheit ein hilfreiches Mittel.

Das erste Beispiel aus dem Figurentheater ist „Macbeth für Anfänger", eine Produktion der Thalias Kompagnons entstanden unter der Regie von Guylar Molnár.[3] Es handelt sich um eine deutsche Abwandlung der Produktion „Macbeth all'improvviso"[4] von Gigio Brunello, die ebenfalls von Molnár betreut wurde. Die Handlung in aller Kürze: Die Puppen für Macbeth sind nicht fertig geworden und deswegen wird der Spieler statt dem Shakespeare-Stück eines seiner Kinderstücke mit Kasper zeigen. Es sind weder die Requisiten vor Ort, noch besteht bei Kasper große Lust sich ständig für dumm zu verkaufen und den Kopf lachend gegen die Wand zu hämmern. Er weigert sich zu spielen und überzeugt die anderen Puppen *heimlich*, also hinter dem Rücken des Puppenspielers, doch Macbeth zu spielen. Beide Handlungen laufen durcheinander, einige Figuren spielen die Geschichte um Kaspers Geburtstag, während dieser nach und nach andere Puppen in den Macbeth integriert – Gretl holt Blumen, da es keine Torte gibt und der Kasperl doch Geburtstag hat, das Krokodil ist genervt und schwimmt nach Ägypten, Seppl gibt die Lady Macbeth in Großmutters Perücke und Kasperl ermordet schlussendlich seinen König – den Spieler.

> ‚Macbeth für Anfänger' ist auf skurrile und hintersinnige Art eine wahrhaft *werktreue* Inszenierung, die die blutige Mechanik des ‚Macbeth' in all ihrer Konsequenz und Unausweichlichkeit aus- und durchspielt. Wo dieses Drama tobt, da wächst kein Gras mehr. Dabei packt sie Shakespeares Werk auch noch von einer anderen Seite: der des Spielerischen, des Theatralen, des Komödiantischen.[5]

Die Inszenierung arbeitet gekonnt mit Perspektivwechseln und dem rasanten Changieren zwischen verschiedenen Erzählebenen. Insbesondere die Puppen, die als Schauspieler agieren, die wiederum mehrere Rollen spielen, sind eine gekonnte Dopplung, mit großem spielerischen Potential.

Auf der Bühne ist zunächst eine klassische Guckkasten-Puppenbühne zu sehen. Als bedrohliche Burg gestaltet, aber dennoch als Kasten mit einer Art

3 Macbeth für Anfänger, frei nach „Macbeth all'improvviso: Thalias Kompagnons, Premiere 2004 in Nürnberg, nicht abgespielt.

4 Macbeth all'improvviso, frei nach Shakespeare: Gigio Brunello und Gyula Molnár. Premiere 2002 in Venedig, nicht abgespielt. Ausgezeichnet mit dem Premio della Critica Teatrale 2002.

5 Spiess 2005, S. 31.

Bühnenraum im oberen Bereich, einer Spielleiste und Platz für den Spieler im Bauch der Konstruktion. Nach dem kurzen Auftritt vor der Bühne – um die Planänderung mitzuteilen – verschwindet der Puppenspieler im Inneren des Schlosses und bleibt bis auf seine Hände während des weiteren Verlaufs ungesehen.

Die Puppen agieren in ihrer Bühne und haben klassische Auf- und Abgänge. Zunächst also ein begrenzter Raum einer eingefassten Puppenbühne, doch schon zu Beginn wird dieser Raum um Fiktionen erweitert: Man erklärt dem Publikum, wo im Kasperlstück eigentlich die Möbel stehen würden – ein Sofa steht z.B. mitten im *Raum*. Die fehlenden Requisiten werden als *Wortkulissen* durch die Beschreibungen etabliert. Während sich nun im späteren Verlauf die Ebenen der Stücke überlagern, stoßen sich die Kasperpuppen, die Macbeth spielen, an dem nicht vorhanden Sofa. Der Bühnenraum wird gleichzeitig als verschiedene Spielorte definiert, und so kann mitten auf der Zugbrücke erneut ein unsichtbares Sofa für Chaos sorgen. In „Macbeth für Anfänger" durchmischen sich Erzählebenen und Spielebenen. Die begrenzte Bühne, die nur durch Ansprachen durch die Puppen an das Publikum aufgebrochen wird und durch Versuche diese zu verlassen oder einzureißen, bleibt weitestgehend bestehen. Im Rahmen dieser Spielleistenbühne überlagern sich aber Fiktion und Realität – Wortkulissen, Zeitsprünge und Gleichzeitigkeit von nicht gleichzeitigen Dingen erweitern und überlagern den zunächst begrenzten und klar erkennbaren Raum.

Es handelt sich hier um ein sehr offenes und vielseitiges Spiel mit dem doppelten Ort. Die Grenze zwischen den Fiktionsebenen und der Realität werden in vielfältiger Weise gebrochen und Elemente in diesen Ebenen spielerisch bewegt. Baumbach führt für diese Prozesse den Begriff der *Fiktionsschranke* ein:

> Zentrum des typologischen Vergleichs [der Schauspielstile] ist die Behandlung der Grenze zwischen Realitätsebene und Fiktionsebene. Theater benötigt die Fiktionsschranke respektive die Repräsentationsgrenze. Deren Durchlässigkeit oder die Grade ihrer Geschlossenheit sowie ihre Beweglichkeit oder Fixierung entscheiden über den Charakter der Veranstaltung.[6]

Dieses Beispiel bildet mit der klassischen Puppenbühne eine Seltenheit im heutigen Figurentheater. Die Formen sind vielfältig, aber die Entscheidung für die Nutzung des Raumes stellt oft einen zentralen Moment in den Inszenierungsarbeiten dar – da der Raum auch stets das Verhältnis von Spieler_in und Gespieltem abbildet. In Macbeth für Anfänger wird z.B. die Autonomie der Puppen, die sich gegen ihren Spieler wenden und vor ihm Geheimnisse haben, bis hin zum blutigen Ende, durch die verdeckte Spielweise erst möglich gemacht, bzw.

6 Baumbach 2012, S. 422.

so forciert, dass dieses fast schon absurde Level an Dissoziation zwischen Puppe und Spieler erreicht werden kann. Weitaus häufiger ist aber die offene Spielweise, also die gleichzeitige und ausgestellte Präsenz von Spielendem und Gespieltem.

Das Figurentheater Wilde & Vogel[7] etabliert oft eine als Spielfläche zu erkennende *Bühne auf der Bühne*. Es wird eine Fläche mit Plane, Stoff, Licht oder ähnlichen Mitteln scheinbar zur eigentlichen Bühne erklärt. Auf dieser Fläche befinden sich die Spieler_innen um die Figuren, Automaten und Objekte zu animieren. Außerhalb der Begrenzung, aber dennoch gut sichtbar auf der Bühne, befinden sich Requisiten und Puppen, häufig auch die Musiker_innen. Die zunächst strikt scheinende Abgrenzung, wo genau die Puppen *lebendig* werden dürfen, werden jedoch stets gebrochen. Sowohl die Spielenden als auch einige der Objekte können diese Flächen verlassen. Als konkretes Beispiel sei „Spleen"[8] erwähnt. In der Inszenierung, die von Gedichten Baudelaires inspiriert ist, liegt im Fokus der Bühne ein weißes Bodentuch, beleuchtet von Schweinwerfern auf Stativen, die das Rechteck umrahmen. Die Musikerin Charlotte Wilde sitzt hinter diesem begrenzten Raum, Michael Vogel betritt diese Fläche zum Figurenspiel, aber ist für musikalische Einlagen und technische Dinge auch außerhalb des Tuches zu finden Die animierten Puppen, in diesem Falle primär Froschwesen, der Tod und einiges mehr, sowie Masken und Körperteile, agieren auf der Fläche und verlassen diese zunächst nicht. Kleine Brüche, Grenzgänge und gesetzte Ausnahmen erweitern das Spiel. So wird z.B. ein kleiner Frosch am Ende der Inszenierung auf einen Mond gesetzt und entschwindet winkend in die Höhe. Dieser Umgang mit einer Begrenzung des Raumes auf die Spielfläche setzt einen klaren Fokus und legt einen klaren Ort für die Animation fest. Natürlich ist aber auch alles drum herum Bühne – die abgelegten Puppen rund um die graue Fläche, die Musikerin, aufgestellte Neonröhren, die zeitweise am Rande der Bühne fahl leuchten, die Wege des Spielers auf und neben der Bodenfläche. Der Raum wird hier verschiedenen Ebenen scheinbar klar zugewiesen, aber Brüche und das Spiel mit diesem räumlichen Fokus führen auch auf inhaltlicher Ebene zu Verschiebungen, setzen Statements und rufen *poetische Brüche* hervor. Dazu öffnen die Livemusik und von Kindern eingesprochene Gedichte vom Tonband akustische Räume. Die klare Zuteilung des Raumes und die inhärenten Verletzungen der Räumlichkeit dienen

---

7 Das Figurentheater Wilde & Vogel ist ein Duo bestehend aus Charlotte Wilde [Musik] und Michael Vogel [Figurenbau und Spiel], die in Leipzig ansässig sind und dort den Lindenfels Westflügel mitbegründet haben und dort in verschiedenen Funktionen tätig sind. Sie sind unter anderem Träger des Taboripreis 2013.

8 Spleen: Figurentheater Wilde & Vogel, Premiere 2006 in Leipzig, nicht abgespielt.

als Ausgangspunkt für die Erzählung des Abends und setzen unterschwellig starke Impulse für die gesamte Inszenierung.

Eine zunächst ähnliche Erscheinung stellt der Tisch in „The Table"[9] vom Blind Summit Theatre dar. Die zentrale und einzige Puppe, Moses, nutzt den Tisch als Bühne. Gleichermaßen sind die drei Spieler_innen hinter dem Tisch [oder unter, neben, und gar auf dem Tisch] stets sichtbar. Der Tisch ist die Welt für Moses, wird gleichzeitig zur Wüste und zum einsamen Berg, zur Eisbahn und doch bleibt er immer, auch für Moses, ein Tisch auf einer Bühne. Konstant offenbart der Tisch seine reale Existenz als Tisch – ohne sichtbare Besonderheiten. Gleichzeitig erzeugt das handwerklich perfekte Spiel des Ensembles die Fiktion der *lebendigen* Puppe aus Pappe. Offen gespielt thematisiert sich die Puppe als Puppe, es werden Techniken erklärt wie z.B. die Illusion des Eislaufens und es gibt Beschwerden über die Spielenden – die wiederum ihre eigenen Befindlichkeiten ins Spiel einbringen. Die Füße z.B. bekämen ein kleines Solo, weil sich die Spielerin langweile. Alles wird offen thematisiert und ist Thema der Inszenierung, auch der Tisch als Bühne. Der Tisch als sehr klar beschränkter Raum der Präsentation, das Refugium der Puppe, die diesen kommentiert und untersucht, abmisst und mit Spieler_innen und Publikum verhandelt. Im Verlauf der Inszenierung verlässt die Puppe den Tisch jedoch auch, um zu demonstrieren, dass der Tisch nichts Besonderes ist und das Spiel auch überall anders funktioniert. Zu jedem Zeitpunkt ist der Tisch ein Tisch, aber auch eine Art begrenzte Bühne, er wird durch das Spiel in seinen Eigenheiten verändert [so ist er zeitweise z.B. sehr glatt] und es findet eine Bespielung statt, die fiktive Orte erscheinen lässt [z. B. die Wüste und der Berg, den es für Moses zu erklimmen gilt]. Es ist ein beständiges Spiel mit der Fiktionsschranke: Die fiktive Figur interagiert mit dem realen Tisch, zieht die Spieler in die fiktionalen Räume und die Grenzen befinden sich im ständigen Wechsel. Natürlich ist auch die Choreographie der drei Spieler_innen, ihr Verhältnis zum Tisch, zur Bühne, zum Publikum und zur Puppe offen sichtbar und Teil der Inszenierung. Das komplexe Spiel mit dem Raum ist eine Art offene Überlagerung, die den Raum fiktiv erweitert, nutzt und benutzt. Es ist erneut die Gleichzeitigkeit der Eigenheiten des Raumes, die das Spiel prägen. Schnelle Wechsel, Illusionen und gleichzeitige Brüche und eine ständige kommentierende Ebene lassen die Erzählung entstehen, die trotz aller Leichtigkeit erstaunlich Ernsthaftes zu verhandeln vermag. Auch hier ist der Umgang mit dem Raum essentieller Bestandteil der Inszenierung, der inhaltlich, ästhetisch und spielmechanisch Konsequenzen hat.

---

9 The Table: Blind Summit Theatre, Premiere 2011 in Edinburgh, nicht abgespielt.

Die letzte Inszenierung, die an dieser Stelle angesprochen werden soll, ist eine deutsch-polnische Koproduktion: Faza REM Phase wurde in Białystok und Leipzig geprobt und erarbeitet und spielt für ein Figurentheater mit einem außergewöhnlich großen Ensemble.[10] Drei deutsche und vier polnische Künstler_innen sind auf der Bühne, die als Bühnenbild lediglich verschiedenartige Forschungstische bietet. Jede Akteur_in hat ihre eigene Station, kleine Tische, Hochstühle, Stehtische. Im Zentrum der Bühne aber Leere, lediglich eine Markierung auf dem Boden. Im Verlauf des Stückes bewegen sich die *Forscher_innen* über diese Bühne, gleichermaßen aber durch verschiedene Experimente, sind teilweise in Träumen, unterliegen Transformationen. Es entsteht ein kleines Theater, ein Mohnfeld, wir sind im Traum und gleichzeitig in einem Labor, gleichzeitig auf einer Bühne und in seltsamen, teils undefinierten fiktiven Räumen – über allem hängt eine riesige Uhr, die rückwärts läuft. Das Thema der Inszenierung ist Schlaf und Traum – unterschiedlichste Ansätze aus der Forschung, aus eigenen Erfahrungen, aus poetischen und fachlichen Texten bilden das inhaltliche Fundament. Der Bühnenraum wird ohne Kommentar transformiert, überlagert und auf verschiedenste Weisen bespielt. Die Spielenden beziehen sich immer wieder auf das Nichts in der Mitte, das leere Zentrum wird mit Versuchen transformiert. Fiktionen und Realitäten fließen derart ineinander, so dass sich der Bühnenraum selbst einer klaren Verortung entzieht. Es ist ein spielerisches Verschieben der Grenzen zwischen Fiktion und Wirklichkeit, ein offenes und vielschichtiges Spiel mit dem doppelten Ort. Nicht die Inszenierung des Raumes, sondern die Dinge, die in diesem Raum geschehen, transformieren und fiktionalisieren und bewegen den Zuschauenden ebenfalls in einen *träumerischen Nicht-Raum*.

Die Uhr in „Faza REM Phase“ deutet es schon an, mit der Transformation des Raumes geht auch immer eine Transformation der Zeit einher. Die Überlagerungen von Fiktionen und Realitäten, die Transformationen der Akteur_innen und der gespielten Objekte, die Beeinflussung der Zuschauenden und ihrer Wahrnehmung führen zu einem komplexen Spiel aus der realen Zeit, die vergeht und den diversen Zeitebenen der Fiktion. Werner Knoedgen schreibt über den Darsteller, dass für ihn die „augenblickliche Handlung in der Zeit der ‚existentielle Ort‘ seiner Tätigkeit [ist]. Seine Kunst vollzieht sich *in* der Gegenwart und verschwindet *mit* ihr.“[11] Später stellt er fest, dass die Dimension der Zeit immer auch an Wahrnehmungen des Raumes gekoppelt ist: „Die Dimension des Raumes

10 Faza REM Phase: Figurentheater Wilde & Vogel, Grupa Coincidentia, Premiere 2014 in Leipzig, nicht abgespielt.

11 Knoedgen 1990, S. 15.

ist Vorbedingung, ist die einzige sinnliche Möglichkeit, die Dimension der Zeit zu erfahren."[12] Während die Kunst des Theaters im Moment des Schaffens und Rezipierens verankert ist, vermag die Transformation des Raumes auch zeitliche Brüche zu evozieren. Es stellt sich gar die Frage, ob das Spiel von Raum auch immer das Spiel mit Zeiten bedeutet. Ein Spiel mit Raumzeit?

An dieser Stelle sei noch einmal die Basis von Figurentheater ins Auge gefasst: Akteur_innen nutzen das erzählerische Potential von Materialien und setzen diese Erzählung in Beziehung mit einem schauenden Publikum. Erst der Blick des Publikums, das sich im besten Falle entscheidet das Spiel von Fiktion [die erspielte Geschichte, die Animation, etc.] und Realität [agierende Spielende] so ins Verhältnis zu setzen, dass es das Vorgestellte ernst nimmt. Wie in wohl jeder Form von Theater, ausgenommen bestimmten Ausformungen von post-dramatischem Theater vielleicht, ist es die offene Akzeptanz von Fiktion als Wirklichkeit, die den Moment des Theaters ausmacht.

> Theater ist prinzipiell anzuerkennen als ein aus verschiedenen Wirklichkeiten zusammengesetztes Kommunikations-Modell. Prinzipiell anwesend sind der Schauspieler als Zivilperson, der Schauspieler als Künstler, als Kunstperson und – Kunstfigur, Rolle, Person, Charakter oder Figur (je nach der Verfassung der Theaterfiguren).[13]

Im Figurentheater ist dies schon durch die Ebene der Animation von Objekten, von unbelebten Dingen, die diese Akzeptanz über eine sehr artifizielle Grenze hinweg bewegt.

Eine Kaffeebohne kann sich nicht umbringen, hat keinen Liebeskummer, kennt keinen Schmerz – da sind wir uns sicher – und dennoch vermag es genug Kunsthandwerk zu schaffen, das ein erwachsenes Publikum mit Herzblut und -klopfen den Selbstmord einer solchen Bohne beobachtet.[14] In diesen Momenten liegen die fiktionale Ebene und die Realitätsebene nicht nur nebeneinander, sondern quasi übereinander – sie greifen im komplexen Verlagern der Fiktionsschranke ineinander, potenzieren sich oder vertauschen ihre Anteile. Puppen, die sich gegen ihren Spieler auflehnen, stolpern über nicht vorhandene Sofas, bevor sie ihren Spieler umbringen – nicht selten Anlass zu großer Freude beim Publikum. Werner Knoedgen spricht in solchen Momenten von „Sprüngen", die dann passieren, wenn „unaushaltbare Doppeldeutigkeiten" passieren:

12 Ebd.

13 Baumbach 2012, S. 229.

14 Die mittlerweile legendäre Inszenierung von Gyular Molnár „Drei kleine Selbstmorde", Premiere als Trilogie 1984 in Reggio Emilia, zeigt Gegenstände, die auf tragischkomische Weise ihr Dasein beenden.

> Doch kehren wir zurück zur Rezeption des Figurentheaters. Wenn schon unsere Wahrnehmung dahin tendiert, Widersprüche durch alternierende ‚Sprünge' auszugleichen, muß [sic] ein widersprüchliches Theater dieses Bedürfnis (oder auch Vermögen) sicherlich berücksichtigen. [...] Wenn es in Wirklichkeit der *Zuschauer* ist, der eine artifizielle Doppelbödigkeit auszuhalten hat und der den eigentlichen Sprung vollzieht, ist dann möglicherweise das Figurentheater dort am konsequentesten, wo es diesen kreativen Akt provoziert, indem es sozusagen das Sprungbrett hinhält [...]?[15]

Es ist das Spiel mit der Fiktionsschranke und den Wirklichkeiten, diese Überlagerung von Ebenen, die sich durch das gesamte Figurentheater zieht und maßgeblich auch das Konzept von Raum beeinflusst. Wobei sich dieser Raum eben immer als eine Raumzeit ausdrückt: Raum und Zeit verweben sich.

Ob auf einem Tisch, einem Teppich, in einem Bauchladen – das Objekt bewegt sich in seiner eigenen Welt, vermag auf die Ebene des Akteurs zu wechseln oder gar diesen mit in sein Konzept von Raum zu nehmen. Der Raum im Figurentheater ist damit stets ein offen kommuniziertes Doppel von fiktionaler und realer Ebene von Raumzeiten – und diese Offenheit in der Kommunikation über die Doppelheit von Realität und Fiktion prägt das Verhältnis zum Publikum und scheint eines der hinreichenden und notwendigen Kriterien für Figurentheater zu sein.

An dieser Stelle sei darauf hingewiesen, dass es zahlreiche Formen von Theater gibt und gab, die ein ähnliches Konzept von Raumzeit und offener Kommunikation vorstellten. Atavistisch verbunden ist das moderne Figurentheater mit den Jahrmarktstheatern der Europäischen Moderne, mit der Erscheinung der Commedia all'improvviso, bis hin in mittelalterliche vortheatrale Praktiken. Praktiken und Theaterformen, die mit dem Fest in Verbindung standen, auf denen die Kunst des souveränen Schauspielers fußten und deren Basis die Gestikulation und Erzählungen durch die Bewegung des Leibes waren – die sogenannte Theaterkunst bzw. der Comödienstil.[16]

Die Ausweitung des Raumes im Theater, das offene und rasante Spiel mit der Fiktionsschranke und unaushaltbaren Doppelheiten, das Etablieren offen-überlagerter Raumzeit-Ebenen und das Spiel mit der Nicht-Einheit des Raumes ist damit keinesfalls ein Phänomen, welches sich nur in der Postmoderne oder im modernen Figurentheater findet. Wer jedoch derartige artifizielle Praktiken in der heutigen Zeit sucht, ist im Figurentheater sicherlich gut bedient.

---

15 Knoedgen 1990, S. 22.
16 Vgl. Baumbach, 2012, S. 422–274.

Paul Martin Langner
(*Kraków*)

Äußere und innere Räume. Überlegungen zur Heterotopie.

Der Beitrag definiert das Theater als eine verräumlichte Darstellungsform, in der die Wechselwirkungen und das Ineinandergreifen von Räumen, die das Theater bilden, sichtbar werden. Dazu zählen Bühnenraum, Zuschauerraum, Sprachraum, Erinnerungsraum etc. Diese offenen oder verschachtelten Räume werden von M. Foucault als Heterotopien bezeichnet. Für die Heterotopien gab Foucault fünf Merkmale an, mit denen er auf die Sakralität der Lebenswelt aufmerksam machen wollte. Mit den Merkmalen der Heterotopien setzt sich das Gedankenspiel dieses abschließenden Aufsatzes kritisch auseinander.

Die Problematik des Foucaultschen Konzepts wird deutlich, wenn man die Heterotopie verdoppelt, indem man zwischen zwei Spiegel tritt, die ihre Spiegelbilder ins Unendliche perpetuieren. Gezeigt werden kann, dass die Aufsplitterung der Wahrnehmung zu Schwierigkeiten der Imagination, aber auch der Identität führt. Die verdoppelte Heterotopie entfernt sich von der Realität, die sie zwar spiegelt, nicht aber mehr wiedergibt, sondern in der Wahrnehmung zersetzt. Der Aufsatz warnt davor, dass ein solche Vorstellung von Heterotopie den Sinn und die Bedeutung von Kunst auflöst.

Die folgende Darstellung fußt auf einem Gedankenspiel. Für dieses Gedankenspiel wird als Voraussetzung angenommen, dass Theater eine Raumkunst[1], mit Sicherheit aber eine verräumlichende Darstellungsform ist. Die Raumkomponente werden dabei aber nicht ontologisch angesetzt, (wie es Pfister[2] etwa in seiner auf einer kommunikationstheoretischen Basis aufbauenden Studie zum Drama versuchte) sondern in dem Wechsel- und Wirkungsverhältnis zwischen dem bespielten Raum und der Handlung/dem Geschehen einerseits sowie dem bespielten Raum und dem Zuschauer andererseits. Auf dieses doppelte Raumverhältnis spielt der Titel des Beitrags an. Dabei geht es um die Wirkungen von Räumen auf den Betrachter, die sich aus den Spielräumen auf dem Theater ergeben.[3] Es scheint

1 „Bislang bedeutete Darstellen: Verteilung im Raum, durch welche des Dichters Plan in sinnliche Erfahrung trat." Hasenclever 2007, S. 211.

2 Pfister 1984, S. 327–338.

3 Besonders radikal hat Peter Brook mit seiner Studie zum „Leeren Raum" (1968) die Wirkungsdimension des Raumes im Theater diskutiert. In einer Vorlesung fasst er den Grundsatz seiner Überlegungen noch einmal zusammen: „One of the inherent and

angebracht, die Formulierung mit dem Plural von Spielräumen beizubehalten, weil sich damit darstellen lässt, dass das zeitgenössische Theater die Eindeutigkeit dramatischer Werke problematisiert. Sicher ist, wie Fischer-Lichte bemerkt hat, dass die Annahme des einfachen, geometrischen Raums nicht ausreicht, um kulturelle Phänomene auf dem Theater analysieren zu können.[4]

Der Raum des Theaters, der Raum, in dem eine Inszenierung stattfindet, kann einerseits durch Überschneidungen charakterisiert werden, z.B. wenn sich unterschiedliche Bedeutungen über die bespielte Fläche des Bühnenraumes legen. Damit ist noch nicht klar, welche Form von Konstitutionen die jeweiligen Räume annehmen, d.h. die Konstitution der sich überlagernden Räume muss als offen betrachtet werden. Der bespielte Raum teilt sich in unterschiedliche Räume auf, die in einer Inszenierung ineinander übergehen. Gerade deshalb können die dargestellten Bühnenhandlungen oder das/die Geschehen auf der Bühne sowohl synchron als auch sukzessiv auf mehreren Ebenen verlaufen. Hier wäre als Beispiel die Shakespeare-Bühne heranzuziehen und an die rekonstruierenden Inszenierungen des *Shakespeare-Projekts* von Peter Stein mit dem Ensemble der Berliner Schaubühne in der CCC-Studios in Berlin von 1977 zu erinnern.

Diese Konstellationen ergeben für Inszenierungen weiterhin die Möglichkeit, durch verschachtelte Räume, also jenen Raumkonstitutionen, die gleichfalls synchrone wie sukzessive Abläufe ermöglichen, aber in denen die Raumanteile von einander abgeschlossen scheinen. Hier denke ich z.B. an die Inszenierung der großen Bühnenrevue Ernst Tollers *Holla, wir leben* (1927) von Reinhardt und Piscator in Berlin.

Betrachtet man diese beiden grundsätzlichen Raumkonstellationen, so könnte man allgemein formulieren, dass dramatische Konflikte dadurch entstehen, dass in verschiedenen Räumen asynchrone Prozesse und Entwicklungen ablaufen, die sich in ihrer Dynamik mehr und mehr behindern oder gar ausschließen. Als Beispiel sei an Goethes *Egmont* erinnert, ein Drama, in dem Herrschaftsräume von den Protagonisten gegeneinander konstruiert werden, Lebensräume sich überschneiden, Handlungsräume sich einschränken und schließlich Sprachräume irreale Züge annehmen, bis sich die Räume gegenseitig blockieren. Diese wechselseitige Ausschließen der Handlungs- und Sprachräume bildet letztlich den Konflikt, der in der Handlung konkretisiert wird, dessen Widersprüche nur

inevitable aspects of an empty space is the absence of scenery. That does not mean that it is better, for I am not passing judgement, but simply stating the obvious, that in an empty space there cannot be any scenery. If there is scenery, the space is not empty, and the mind of the spectator is already furnished." Brook, 2005, S. 30.

4 Fischer-Lichte 2004a, S. 187ff.

gewaltsam beendet werden kann. Blickt man in die Gegenwart, so könnte in dem Stück *Alices Reise in die Schweiz*[5] (Uraufführung am Thalia Theater Hamburg, 29. Januar 2005) von Lukas Bärfuss als Beispiel dienen, in dem die Verfügungsgewalt über das Leben von Menschen in Macht-, Sprach- und Handlungsansprüchen im Spiel verräumlicht und durchgeführt werden. Als weiteres Beispiel wäre zusätzlich an Therese Walsers Stück *King Kongs Töchter* (1998) (Uraufführung im gleichen Jahr im Theater am Neumarkt, Zürich) zu nennen, das vergleichbare Grundmuster zeigt, d.h. die Verschachtelung von übereinander gelagerten Handlungsräumen auf der Bühne wird zugleich zum „Spielraum" für die Handlungsmöglichkeit einzelner Akteure. Bühnenräume werden auf diese Weise Visualisierungen textgebundener Handlungsräume.

Deutlich wird an diesen Andeutungen, dass das Zusammenspiel von sich überschneidenden und ineinander verschachtelten Räumen eine Möglichkeit dramatische Texte und Inszenierungen zu beschreiben.

Zugleich ist plausibel, dass es für die Beschreibung von Wirkungsräumen des Theaters notwendig ist, das Verhältnis des Raumes zu verschiedenen Zeitebenen in die Überlegung miteinzubeziehen. Schon Pfister hat auf das Verhältnis von Raum und Zeit aufmerksam gemacht.[6] Hier sind es vorrangig drei Zeitebenen, die zu unterscheiden sind. Die *Darstellungszeit*, die in gewisser Weise vergleichbar ist mit der Erzählzeit für die Analyse von narrativen Texten, wobei die Zeitrichtung nicht festgelegt ist. Es gibt es die Möglichkeit linear, sprunghaft, retrospektive oder retrograd darzustellen. Diese Zeitebene ist ebenso wie die *historische Zeitdistanz*, in der das Stück angesiedelt ist, ein Element des *textgebundenen Zeitgefüges*. Zeitstücke oder auch Stücke mit historischen Zügen setzen stets eine zeitlich-historische Distanz zum Betrachter voraus. Bei Th. Walsers Stück war der Prätext eine Zeitungsnotiz zu einem Prozess gegen eine Reihe von Altenpflegern, die verarbeitet wurde.

Diesem textgebundenen Zeitgefüge, der imaginäre bleibt, steht ein *realer Zeitverlauf* gegenüber, den der Zuschauer in der Inszenierung, an dem konkreten Theaterabend erlebt, der stets sukzessiv bleibt, auch wenn die Darstellungszeit synchrone, parallele, punktuelle oder retrograde Verläufe vorstellt.

Auf alle drei Zeitebenen können die auf der Bühne realisierten Räume in unterschiedlicher Intensität Bezug nehmen, sodass ein multiples Raum-Zeit-Gefüge entsteht, das die Wirkung bedingt und den Betrachter unterschiedliche fordert.

---

5 Vgl. Lukas Bärfuss: Meienbergs Tod – Die sexuellen Neurosen unserer Eltern – Der Bus. Stücke. Göttingen: 2005.

6 Pfister 1984, S. 327–359.

Eine weitere Gruppe von imaginären Räumen in Texten sind solche, die das Geschehen nicht sichtbar machen, wohl aber sprachlich realisieren, z.B. narrativ vortragen, und damit das Geschehen durch Sprache und Handlung präsent halten: das weist auf Räume, die etwas (wider-)spiegeln, was zugleich verdeckt und verschwiegen werden soll. Diese Räume können als Heterotopien bezeichnet werden, sie problematisieren mit ihrer geradezu „teichoskopischen Distanz" zum versprachlichten Geschehen die vermeintliche Sicherheit der „nach-denkenden" Zuschauer.

Sowohl die zuerst beschriebene Gruppe von theatralen Räumen, wie auch diese zweite legen nahe, sie mit *Heterotopien* zu vergleichen. Die beschriebenen Raumkonstellationen und -überlagerungen scheinen „Spieglungen" von realem Geschehen und mentalen Möglichkeiten zu enthalten, die in dem Begriff der Heterotopie angelegt sind. Bei der Diskussion dieses Begriffs, wird einer der „Urtexte" für das moderne Verständnis von Räumen herangezogen. Es handelt sich um einen Vortrag von Michel Foucault[7] aus dem Jahr 1967.

In seiner Darstellung unterscheidet Foucault zunächst utopische und heterotope Orte, wendet sich dann aber vor allem den Heterotopien zu. Für diese umreißt Foucault fünf wesentliche Merkmale[8], durch die er Heterotopien bestimmt sieht:

1. Foucault charakterisiert Heterotopien als privilegierte, geheiligte und/oder verbotene Orte, an denen Menschen von der Gesellschaft isoliert werden.
2. Trotz ihrer Abgrenzung von der gesellschaftlichen Realität übernehmen diese Orte Funktionen, die auf die Gesellschaft zurückwirken. Außerdem können diese Funktionen sich im Laufe der Kulturgeschichte ändern.
3. Für die Fragestellungen, unter denen wir uns mit den Heterotopien beschäftigen, ist diese Möglichkeit interessant, da es – nach Foucault – an heterotopen Orten Überschneidungen von mehreren Räumen am gleichen Ort vorkommen sollen.
4. Sowohl die Möglichkeit einer Umwandlung der Funktion, wie es Foucault unter dem 2. Punkt angenommen hat, als auch die Überschneidung von Räumen macht es denkbar, dass es bei heterotopen Räumen auch zu akkumulierter Zeit kommen kann (sog. Heterochronien), aber auch Zeitschnitte.
5. Dieser Zeitfaktor lässt Foucault weiterhin ein System von wechselnden Abschnitten der Isolation und Durchdringung bei heterotopen Räumen annehmen.

---

7 Foucault 1992, S. 34–46.

8 Foucault entwirft sechs Merkmale, jedoch wiederholt sich im 6. Punkt ein Teil der Argumentation, weshalb ich nur fünf Punkte zähle.

Als entscheidende Voraussetzung ist zu betonen, dass sich Foucault ausdrücklich auf äußere Räume bezieht. Ihm geht es mit Blick auf die Heterotopie darum, zu verdeutlichen, dass die Menschen [in der Alltagswelt] nicht in leeren, homogenen, verfügbaren Räumen leben, sondern immer bereits in Lebensräumen agieren, die durch Wertigkeiten bestimmt sind. Diese mit Bedeutung aufgeladenen Räume versteht Foucault als Anzeichen für eine Sakralität der Lebenswelt. Dieser Gedanke wurde zuvor von Eliade religionswissenschaftlich begründet[9] und von Foucault aufgegriffen. Für den deutschsprachigen Raum wäre die Studie von Bandmann „Architektur als Bedeutungsträger“ von 1955[10] zu nennen, in der der Autor anhand des sakralen Raums die Aufladung mit Bedeutung belegt. Diese grundsätzliche Einsicht, dass gesellschaftliche Räume immer bereits Bedeutung tragen, ist in diesem Zusammenhang von großer Bedeutung. In späteren Jahren hat sich Foucault stärker dem Konstruktionscharakter dieser gesellschaftlichen, räumlichen Bedeutungen zugewandt.

Wie im Kontext eines Rituals spricht Foucault mit Bezug auf die Bedeutungssetzung unter den ersten beiden genannten Aspekten von der Liminarität von geheiligten oder verbotenen Räumen. Dabei ist ihm aber nicht so sehr die Isolation von Personengruppen an diesen besonderen Räumen oder Orten gelegen, sondern Foucault betont, die wechselseitige Bezugnahme der verschiedenen, durch Bedeutungen aufgeladenen Orte, so dass trotz der konstatierten Liminarität ein Austausch zwischen den Orten gegeben ist. Zusätzlich, und das ist am Anfang dieses Beitrages bereits referiert und mit Blick auf das Theater erörtert worden, kann es an diesen Orten zu Überlagerungen von Bedeutungen kommen, wobei sich diese überlappenden Bedeutungszuweisungen von und in Räumen auch durch zeitliche Aspekte bestimmt werden, wie oben skizziert.

Das von Foucault diskutierte Beispiel für eine Heterotopie ist der Spiegel: der Ort, an dem man sich sieht, ist nicht der Raum, in dem man existiert, aber er imaginiert diesen Raum und schafft die Möglichkeit, aus der Heterotopie auf den eigenen Identitätspunkt zurückzuschließen. Dieser Denkweg entspricht einer dialektischen Bewegung von Entäußerung in der Imagination der Heterotopie zur Rückkehr in das eigene Bewusstsein. Der äußere Raum und seine dialektische Distanzierung wirkt auf die Innenwelt des Betrachters zurück. Die Fragestellung, die hier diskutiert werden soll, folgt der Überlegung von Foucault und diskutiert die Rückwirkung multipler, äußerer Räume auf Rezipienten.

---

9 Eliade1957, bes. S. 13ff.

10 Bandmann 1996.

Es gibt jedoch zwei Aspekte, die kritisch diskutieren sind:

1. Der eine Aspekte bezieht sich auf die binäre Logik, mit der Foucault argumentiert, was besonders in den Punkten1 und 5 greifbar wird. Beide Punkte berühren die Liminarität und damit die Isolation Einzelner gegenüber der gesellschaftlichen Realität (1), für die Foucault den Militärdienst von jungen Männern oder die Hochzeitsreise für junge Verheiratete, aber auch die Kurklinik, die Krankenanstalt oder das Gefängnis als Beispiele angibt. Unter dieser Perspektive gibt es nur ein „gesellschaftliches Dabei-sein" und einen von der Gesellschaft ausgeschlossenen Zustand. Einen dritten Raum, den er letztlich mit der Heterotopie als Übergangsraum, einer entäußerten Distanzierung vom eigenen Sein anspricht, nimmt er zu diesem Zeitpunkt nicht in seiner Argumentation wahr.

Auch die Disposition von Isolation und Durchdringung, die der Autor in dem fünften Aspekt aufführt, deutet auf die binäre Logik seines Denkens. Gerade das Beispiel vom Spiegelbild lässt einen dritten Ort vermuten, den Foucault aber nicht thematisiert.

2. Der zweite kritische Einwand leitet sich aus dem genannten Aspekt ab. In Punkt 3 beschreibt Foucault, dass es an einem heterotopen Raum zu Überschneidungen von mehreren Räumen kommen kann. Die Option von Überschneidungen würde die Möglichkeit eröffnen, zu diskutieren, welche Qualität diese Überschneidungen [also die Differenz von den beiden Extremen] haben könnten. Gerade das wird aber von der binären Logik seiner Argumentation verhindert. Foucault spielt diesen Gedanken nicht aus oder verfolgt ihn auch nicht weiter in dieser frühen Darstellung von Lebensräumen.[11]

Die Frage, die sich bei Heterotopien auftut, richtet sich vor allem doch darauf, da es weder der reale Raum ist, der in der Heterotopie auftritt, noch der „andere [gespiegelte] Ort" eine eigenständige Funktion übernimmt, sondern lediglich den realen Raum reflektiert, ob es nicht doch eine dritte Qualität - oder n-te Qualität - von Räumen geben könnte. In allen drei Punkten bricht sich die Beschränkung Foucaults auf die binäre Logik, die in Frage zu stellen ist.

Dennoch scheint der grundlegende Gedanke, den Foucault mit diesem Vortrag aufwirft, richtig zu sein, dass nämlich gesellschaftliche Räume für den Einzelnen nicht frei-verfügbar sind, sondern je mit Bedeutung aufgeladen sind. Das Theater bildet einen solchen heterotopen Raum. D.h. der Raum schafft die körperlich-dimensionierte Anwesenheit eines Abwesenden. Während der Schauspieler in diesem heterotopen Raum durch die leibliche Anwesenheit Präsenz

11 Hier kann man vermuten, dass Foucault eben deshalb in späteren Texten den Konstruktionscharakter mentaler Strukturen betont hat.

schafft,[12] ist zugleich seine vorgebliche Intentionalität nur ein Schein, ein realer Handlungsimpuls existiert nicht. Es bleibt stets das Spiel des „so-tun, als-ob", aus dem das säkulare Theater lebt. Diese Charakteristik wird der Theaterkunst früherer Zeit in vollem Umfang gerecht.

Denkt man an die Fernsehinszenierung von Samuel Becketts ... *nur noch Gewölk* ... (1976)[13], bei dem der Darsteller auf einen – durch einen Punktstrahler beleuchteten – unentwegt redenden Mund reduziert ist, so wird deutlich, dass hier nicht einmal mehr Intentionalität von Handlung oder körperliche Anwesenheit des Schauspielers angestrebt sind, sondern eine Präsentationsform erreicht wurde, die auch die Heterotopie problematisiert.

Zu diskutieren wäre, ob Schillers Schlussszene aus der *Maria Stuart*[14] eine ähnliche Struktur aufweist. Natürlich unterliegt das ganz Werk als historisches Drama anderen Bedingungen, aber die letzte Szene, in der Leicester quasi als Teichoskopie die Hinrichtung von Maria Stuart für das Publikum greifbar macht, imaginiert den Vorgang und realisiert ihn als Monolog. Das äußere Geschehen und die Erkenntnis der Schuld fallen in dieser nach Innen verlagerten Anteilnahme an der Hinrichtung zusammen: Leicester wird das eigene Versagen deutlich durch diesen Blick über die Mauer, der ihn nicht nur nicht teilnehmen lässt, sondern ihn zeichnet und verurteilt. Damit ist die Realistik des Vorgangs gebrochen in der Versprachlichung und der Imagination des Rezipienten anheimgestellt, womit eine doppelte Abwesenheit die Szene prägt und sie damit als Heterotopie verstanden werden kann.

Um diesen Aspekt zu verdeutlichen, soll das Spiegel-Beispiel Foucaults um eine Zutat erweitern:

Jeder erinnert sich an Kindheitserlebnisse, in denen wir zwischen zwei Spiegel getreten sind und erleben mussten, wie unser oberster Haarschopf ins schier Unendliche vervielfältigt wurde. Die Spiegel im Spiegel, sichtbar an den Oberkanten und Ecken der Spiegel ins Unendliche verjüngend, vermehrte sich ins Ungreifbare, bildete sich immer wieder neu und die nächste Reflexion provozierend ab.

Dieses Beispiel führt zu dem Gedanken, um den es in diesem Zusammenhang geht: die Aufsplitterung der Wahrnehmung durch eine ins Unendliche gespiegelte Heterotopie. Neben der Vervielfachung von Heterotopien könnte auch das Bild

---

12 Die Leiblichkeit des Schauspielers und seine Verletzbarkeit sind das Kriterium von Fischer-Lichte (2004a), weshalb Schauspiel noch immer eine so nennenswerte Aktualität hat.

13 Dazu: Brockmeier 2007, S. 250.

14 Vgl. Pfister (1984), S. 278f.

des zerbrochenen Spiegels treten, der sehr wohl noch spiegelt, aber kein einheitliches Bild mehr von der Realität entwirft.

Der Spiegel interessiert hier nicht als narzisstisches Identifikationsprojekt, aber auch nicht als das anti-identifikatorische Projekt eines Dorian Gray. Eher gibt es „Familienähnlichkeiten" zu der Geschichte der Medusa, indem der griechische Held Perseus durch die Indirektheit des Spiegelbildes dem tötenden Blick des Monsters ausweichen und ihm den Kopf abschlagen konnte. Man kann hinzufügen: Medusa hätte sich retten können, wenn sie nur hinter ihrem Kopf einen eigenen Spiegel hochgehalten hätte: in der unendlichen Reflexion und Vervielfältigung des Kopfes hätte der Held seinen tödlichen Schlag gegen sie nicht ausführen können.

Diese Reproduktion der gespiegelten Wahrheit oder der zerbrochene Spiegel können m.E. als Sinnbild für die Theaterarbeit der Gegenwart genutzt werden. Moderne Theaterstücke müssen nicht mehr für die Inszenierung adaptiert werden, sondern bilden ihrerseits ein textuelles Grundmuster, in dem häufig nur Redekonstellationen ggfs. Raumwechsel festgelegt sind. Eine Reihe anderer Inszenierungsmomente, wie die Fragen der Requisiten, der konkreten Besetzung der Figuren, eine situative Einbettung werden in die Verantwortung des Regisseurs und des Ensembles gelegt. Die frühere Dominanz des Regisseurs ist durch das Einbeziehen von Vorschlägen und Assoziationen der Schauspieler auf das Ensemble delegiert. Die geistesgeschichtliche oder politisch-gesellschaftliche Auslegung der 70er und 80er Jahre weicht damit einer offenen Ensembleleistung, die in gemeinsamen entwickelten Szenarien vorgetragen werden. Aber auch von den Dramatikern werden keine biographisch-historiographischen Rückkopplungen sämtlicher Stuarts, Habsburgers, Staufers, Askaniers als Bildungshorizont beim Rezipienten eingefordert. Eher handelt es sich um die Vorstellbarkeit von dramatischen Grundkonstellationen, in denen sich aktuelle zeitgeschichtliche Entwicklungen, wie z.B. die akzeptierte Brutalität von Alltagssprache, reflektieren, und damit den Rahmen des Erwartungshorizonts bei den Rezipienten bilden. Von diesen Grundmustern ausgehend bildet sich um die Textvorlage einen Realisationsraum, der voll ist von Assoziationen, Kombinationen und einer Vielzahl Details, die die Dichte einer jeden Inszenierung schaffen. Es entsteht ein offener, textgestützter Assoziationsraum, der mit multiplen Heterotopien verglichen werden kann, von den bereits gesprochen wurde. Der rationale Ansatz einer gesellschaftlichen Auseinandersetzung des älteren Regietheaters ist einer assoziativen Reflexion eines gesprungenen Spiegels oder einer ins endlose vervielfältigten Spieglung gewichen. Jedoch vergleichbar der Löschfunktion bei dem Verwischen von Entstehungsvarianten bei der computergestützten Textproduktion, verwischen die Spuren der kollektiven Textarbeit und -realisiation moderner Ensembleinszenierungen. Die einheitliche Reflexion des älteren Regietheaters, die es in ein Bild zu bannen galt, wird durch die Offenheit eines vielfältig gebrochenen Assoziationsraums ersetzt. Eine Inszenierung hält also dem Publikum ***keinen*** Spiegel vor, sondern einen ***zerbrochenen Spiegel***, der damit keine einheitliche, identitätsstiftende Form entgegenhält, sondern die Offenheit des Möglichen wird berufen. Bei den Rezipienten von Gegenwartsdramen wird weniger der rationale Nachvollzug eingefordert, sondern ein Auffüllen der Nennungen, die man durchaus mit Ingardens Begriff der *Leerstellen*[15] verbinden könnte, mit assoziativen Strukturen, Bildern. Es geht darum, den Erfahrungshorizont und Assoziationsrahmen des Rezipienten zu aktivieren, seine Denkmuster in Frage zu stellen und seine Phantasie freizusetzen. Die sprachliche Konstitution der Realität auf der Bühne, die Vertretungsstrategie der Handlung durch Sprache und die Brechung der Normen des Unsagbaren münden in Schreckensbilder in der Köpfen der Zuschauer. Dabei folgt jeder Rezipient seinem Fundus an Wissen, seiner Vorstellungskraft und schafft eigene Bilder im Kopf. Das verbindende Erlebnis dramatischer Vorgänge, wie sie vielleicht frühere Schaustücke ermöglichten, lösen sich zu Imaginationen in den eigenen Köpfen auf. Damit könnte man schlussfolgern, dass vervielfältigte Heterotopien auf der Produzentenseite eine Produktion imaginierter, heterotoper Bilder auf der Rezipientenseite hervorbringen.

Rezeptionstheoretisch oder rezeptionsästhetisch wäre damit zu überlegen, den vorhin diskutierten „dritten Ort" nicht auf der Bühne zu suchen, sondern im Zuschauerraum, in der Vielzahl der Köpfe bilden sich je „dritte Orte". Der Schauspieler auf der Bühne und seine sprachliche Reflexion der Realität als heterotoper Ort, wären die beiden entgegengesetzten Pole auf der produktionsästhetischen Seite. Diesen beiden Polen des Theaterraumes, der wie eine Heterotope wirkt, wenn auch in der Anwesenheit seines Körpers[16] und in der Abwesenheit eindeutiger, kulturhistorisch/politischer Intentionen, könnte das sprachliche Vexierbild der Heterotopie im Rezipienten den dritten Ort bilden, an dem die Textkonstruktion des Stückes und dessen Bühnenrealisation seine assoziative Resonanz findet, die aber nicht mehr eindeutig kalkulierbar wird.

Einen letzten Punkt gilt es zu bedenken. Die von Foucault angeregte und durchgespielte Dialektik der Entäußerung des Betrachters im Spiegel durch die Wahrnehmung des eigenen Spiegelbildes an einem fiktiven Ort, der reflektierend

---

15 Dieser Begriff wird von Wolfgang Iser mit Bezug auf Roman Ingardens Kategorien der Unbestimmtheitsstelle verwendet. s. Ingarden 1972 sowie Iser 1974.

16 Fischer-Lichte 2004a, S. 130ff.

auf den Betrachter einwirkt, um zuletzt durch das Akzeptieren des Spiegelbildes – am heterotopen Ort – zur Identifikation des betrachtenden Ichs zu führen, setzt die Geschlossenheit eines bestehenden Identitätspunktes im Betrachter voraus. Die Heterotopie weckt nicht die Identität im Betrachter, sondern verstärkt nur deren Funktion. Im Wahrnehmen des Spiegelbildes wird die Differenz zugleich mit der eigenen Identität sichtbar und produktiv.

Und an dieser Stelle der Argumentation taucht eine Voraussetzung auf, die es, wenn nicht zu prüfen, so doch wenigstens zu diskutieren gilt. Die Aufklärung und in ihrer Folge der Klassik war die Annahme eines Identitätspunktes unstrittig. Der deutsche Idealismus hat diesem Punkt zum Teil in seinen Systementwürfen einen entscheidenden Platz zugewiesen. Noch im Realismus – um bei der literaturhistorischen Periodisierung zu bleiben – geht man von der Einheit der Persönlichkeit aus, relativiert lediglich die metaphysische Dimension dieses Identitätspunkts. Spätestens jedoch mit dem Aufkommen der Moderne durch die Zersplitterung der Wahrnehmungsebenen, der sozialen Positionierungen und die Infragestellung der Existenz Gottes, wie sie Nietzsche provozierend hinterfragt, scheint die Position des Individuums, die Persönlichkeit und der Identitätspunkt weniger faktisch. Die Multiperspektivierung, die Rhythmisierung der Wahrnehmung, die Dynamik der Lebenswelt[17] sind Anzeichen für eine tiefgründige Umdisposition dieses zentralen Punktes in der Moderne.[18] Hält man bei der Betrachtung von Heterotopien an der von Foucault angesetzten Dialektik fest, woran kein Zweifel bestehen sollte, dann ergibt sich unter der Perspektive der veränderten Disposition des Identitätspunktes eine problematische Situation.

Der Betrachter, der ohne eine gefestigte Identitätsstruktur in den foucaultschen Spiegel sieht, setzt eine andere Dialektik in Gang als der Idealtyp in der Argumentation von Foucault. Für eine Persönlichkeit, die mit divergierenden und widersprüchlichen Identitätsmustern in den Spiegel schaut, reflektiert der Spiegel keinen Identitätspunkt, sondern er bestätigt die Diversität des Einzelnen. Die Heterotopie führt nicht zur Wiedererlangung einer bestehenden Struktur, sondern reflektiert das Auseinanderfallen in der Spieglung: ist diese Spieglung zudem noch vervielfältigt, so bleibt kein Ort *hinter* dem Spiegel und auch keine *vor* dem Spiegel. Dieses Beispiel kann durch eine Analogie zur Diskussion gestellt werden.

Der Mangel an der Kalkulierbarkeit ästhetischer Reflexionen von Heterotopien wird belegt durch das unvorstellbare Blutbad in Colorado im Sommer 2012 bei der Uraufführung des Filmes *The Dark knight rises*. Das verstörende Umschlagen

17 Hughes 1981, S. 35ff

18 Schulze 2001; Zang/Henn 2001.

der Gewaltszenerien in den computergestützten Fantasiefilmen zum Realisationsakt von Menschen, die die filmische Gewalt an den Zuschauern (nach-)vollziehen und sie töten. Dieses Umschlagen von heterotopen Realitäten provoziert die Offenheit der Kombinatorik von Eindrücken. Der Erwartungshorizont ist offen, die Assoziationen, die in der Virtualität vervielfältigten Heterotopien ihre Widerspieglung finden, sind an kein verbindliches Maß mehr gebunden.

Das Gedankenspiel ist beendet. Es sind Möglichkeitsformen der Übersteigerung von Heterotopien skizziert worden, um zu verdeutlichen, dass spezifische Punkte nicht aufgegeben werden können, wenn man nicht Gefahr laufen will, Verbindlichkeiten und Normen der Gemeinschaft aufs Spiel zu setzen. Spielräume, die sich selbst entgrenzen, sind zuletzt keine Spielräume mehr, sondern sie verlaufen sich im Nichts. Damit löst sich aber auch der Anspruch von Kunst auf, in einen Dialog mit der Betrachter zu treten – wenn aber die Summe aller künstlerischer Prozesse auf ein Auflösen der Rezipientenposition hinauslaufen, dann bleibt kein Spiel zurück. Spielraum und Realitätsraum fallen unweigerlich zusammen, jedoch ohne eine feste Instanz der Identität bleibt auch keine Position für Korrektur und keine Grenze des Handelns.

Than "hast finish'd joy and moan,
all lovers young, all lovers must
consign to thee and come to dust." (Shakespeare, *Cymbeline*)

Bibliographie

Angelaki 2012 – Angelaki, Vicky: The plays of Martin Crimp: making theatre strange. London.

Annub 2010 – Annub, Evelyn: Flache Figuren – Kollektive Körper. In: Lob der Oberfläche: zum Werk von Elfriede Jelinek. Hrsg.: Thomas Eder. München, S. 49–69.

Augé 1994 – Augé, Marc: Orte und Nicht-Orte. Vorüberlegungen zu einer Ethnologie der Einsamkeit. Aus dem Französischen von Michael Bischoff. Frankfurt a. M.

Axer 1984 – Axer, Erwin: „Kartka z pamiętnika. Rozmowy z Brechtem" [Ein Blatt aus den Memoiren. Gespräche mit Brecht] In: Dialog [Warszawa], 8/1984.

Axer 2006 – Axer, Erwin: Z pamięci. Warszawa.

Bachtin 2008 – Bachtin, Michail: Chronotopos. Frankfurt/M.

Bandmann 1996 – Bandmann, Günter: Architektur als Bedeutungsträger. Darmstadt, 10. Auflage.

Bärfuss 2010 – Bärfuss, Lukas: Meienbergs Tod. Die sexuellen Neurosen unserer Eltern. Der Bus. Stücke. Göttingen.

Baumbach 2012 – Baumbach, Gerda: Schauspieler. Historische Anthropologie des Akteurs. Leipzig, Bd. 1.

Bloch 2014 – Bloch, Natalie: „wir können ganze Märkte deregulieren wie Flüsse". Die Rhetorik des Finanzmarktes in Elfriede Jelineks Die Kontrakte des Kaufmanns. In: Elfriede Jelinek: Begegnungen im Grenzgebiet. Hrsg.: Natalie Bloch, Dieter Heimböckel. Trier, S. 55–72.

Braun 1987 – Braun, Volker: Die Übergangsgesellschaft. Berlin.

Braun 1989 – Braun, Volker: Die Kipper. In: Ders. Werke in zeitlicher Folge Bd. 1. Halle/ Leipzig S. 109–185.

Braun 1990 – Braun, Volker: Bodenloser Satz. Frankfurt/M.

Braun 1992 – Braun, Volker: Iphigenie in Freiheit. Frankfurt/M.

Braun 1994 – Braun, Kazimierz: Teatr Polski 1939–1989. Obszary wolności – obszary zniewolenia. Warszawa.

Brecht 1954 – Brecht, Bertolt: Hundert Gedichte. Berlin.

Brecht 1967 – Brecht, Bertold: Gesammelte Werke. Frankfurt a.M., Bd. 20.

Brecht 1973 – Brecht, Bertolt: Arbeitsjournal 1942–1955. Hrsg. von Werner Hecht. Frankfurt a.M.

Breuer 1975 – Breuer, Wilhelm: Zur Aufführungspraxis vorreformatorischer Fronleichnamsspiele in Deutschland. In: Zeitschrift für Deutsche Philologie. Hrsg. von Hugo Moser und Benno von Wiese. Sonderheft, S. 50–71.

Briefwechsel 1999 – Friedrich Hebbel: Briefwechsel 1829–1863. Historisch-kritische Ausgabe in fünf Bänden. Hrsg. von Otfrid Ehrismann, U. Henry Gerlach, Günter Häntzschel, Hermann Knebel und Hargen Thomsen. München.

Brockmeier 2007 – Brockmeier, Peter: Innenräume. Zu Samuel Becketts Texten und Spielen. In: Raum. Orte der Kunst. Katalog einer Ausstellung [Akademie der Künste Berlin]. Hrsg.: Matthias Flügge, Robert Kudielka, Angela Lammert. Nürnberg, S. 246–251.

Brook 2005 – Brook, Peter: The Open Door. Thoughts on Acting and Theatre. New York.

Bukowski 1993 – Bukowski, Oliver: Londn – L.Ä. – Lübbenau. In: Deutsche Bühne. Heft 1 /1993.

Bumke 1986 – Bumke, Joachim: Höfische Kultur. Literatur und Gesellschaft im hohen Mittelalter. München. 2 Bd.

Colin 2014 – Colin, Nicole: Tod des Autors oder Tod dem Theater? Elfriede Jelineks heimlicher Dialog mit der Bühne. In: Elfriede Jelinek: Begegnungen im Grenzgebiet. Hrsg.: Natalie Bloch, Dieter Heimböckel. Trier, S. 27–38.

Crimp 2003 – Crimp, Martin: Auf dem Land und andere Stücke. Reinbek bei Hamburg.

Crimp 2005 – Crimp, Martin: Fewer Emergencies. London.

Dialog 1984 – „Rok 1953. Co począć z Brechtem?“ [Das Jahr 1953. Was mit Brecht anfangen?] In: Dialog [Warszawa], Heft 8/1984.

Eik 2010 – Eik, Jan : DDR-Deutsch: eine entschwundene Sprache. Berlin.

Eliade 1957 – Eliade, Mircea: Das Heilige und Profane. Vom Wesen des Religiösen. Hamburg.

Englhard 2008 – Englhard, Andreas: Junge Stücke am Ende der Geschichte? Die Dramatik junger AutorInnen und der Verlust der Utopie. In: Das Drama nach dem Drama. Verwandlungen dramatischer Formen in Deutschland nach 1945. Hrsg.: Artur Pełka und Stefan Tigges. Bielefeld.

Escoda Augusti 2013 – Escoda Augusti, Clara: Collapse as Resistance to Late Capitalist Society. Berlin.

Famula 2014 – Famula, Marta (Hrsg.): Das Denken vom Ich. Die Idee des Individuums als Größe, in Literatur, Philosophie und Theologie. Würzburg.

Fischer-Lichte 2004a – Fischer-Lichte, Erika: Ästhetik des Performativen. Frankfurt a.M.

Fischer-Lichte 2004b – Fischer-Lichte, Erika: Einleitende Thesen zum Theaterbegriff. In: Kunst und Aufführung – Aufführung der Kunst. Hrsg.: Erika Fischer-Lichte, Clemens Risi, Jens Roselt, Christel Weiler. Berlin, S. 11–27.

Fliedl 2013 – Fliedl, Konstanze: Narrative Strategien. In: Jelinek-Handbuch. Hrsg.: Pia Janke. Stuttgart. S. 56–61.

Foucault 1992 – Foucault, Michel: Andere Räume. In: Aisthesis. Wahrnehmung heute oder Perspektiven einer anderen Ästhetik. Essais. Hrsg.: Karlheinz Barck, Peter Gente, Heidi Paris und Stefan Richter. Leipzig, 4. Auflage, S. 34–46

Foucault 2006 – Foucault, Michel: Von anderen Räumen. In: Raumtheorie. Grundlagentexte aus Philosophie und Kulturwissenschaften. Hrsg. von Jörg Dünne und Stephan Günzel in Zusammenarbeit mit Hermann Doetsch und Roger Lüdeke. Frankfurt a. M., S. 317–329.

Frei 2006 – Frei, Nikolaus: Die Rückkehr der Helden. Deutsches Drama der Jahrhundertwende (1994–2001). Tübingen.

Gajek 1974 – Gajek, Konrad: Brecht na scenach polskich. Wrocław.

Grass 1995 – Grass, Günter: Ein weites Feld. Göttingen.

Grimm 1994 – Brüder Grimm: Kinder- und Hausmärchen. Ausgabe letzter Hand mit den Originalanmerkungen der Brüder Grimm. Hrsg.: Heinz Rölleke. Stuttgart.

Gronau 2011 – Gronau, Barbara: Ausstellen und Aufführen. Performative Dimensionen zeitgenössischer Kunsträume. In: Die Aufführung. Hrsg.: Erika Fischer-Lichte. Paderborn.

Haas 2004 – Haas, Birgit: Theater der Wende – Wendetheater. Würzburg.

Handke 1996 – Handke, Peter: Publikumsbeschimpfung. Stuttgart (1966).

Hasenclever 2007 – Hasenclever, Walter: Das Theater von morgen. In: Theorien des Expressionismus. Hrsg.: Otto F. Best. Stuttgart.

Hassan 1985 – Hassan, Ihab: Postmoderne heute. In: Wege aus der Moderne. Schlüsseltexte der Postmoderne Diskussion. Hrsg.: Wolfgang Welsch. Weinheim.

Hebbel 1911/13 – Friedrich Hebbel: Sämtliche Werke. Historisch-kritische Ausgabe. besorgt von Richard Maria Werner. Berlin, 3. Aufl. 15 Bd.

Heidegger 1993 – Heidegger, Martin: Sein und Zeit. Tübingen.

Hein 1989 – Hein, Christoph: Die Ritter der Tafelrunde. Frankfurt/M.

Hein 2002 – Hein, Christoph: Randow. Eine Komödie. Frankfurt/M.

Heinzle 2005 – Heinzle, Joachim: Die Nibelungen. Lied und Sage. Darmstadt.

Hochhuth 1993 – Hochhuth, Rolf: Wessis in Weimar: Szenen aus einem besetzten Land. Berlin.

Holling 2007 – Holling, Eva: Ist alles gespielt? Blicke auf den Stadtraum im neuen Theater. Marburg.

Hughes 1981 – Hughes, Robert: Der Schock der Moderne. Kunst im Jahrhundert des Umbruchs. Düsseldorf/Wien.

Ingarden 1972 – Ingarden, Roman: Das literarische Kunstwerk. Tübingen, 4. Aufl.

Iser 1974 – Iser, Wolfgang: Die Appellstruktur der Texte. Unbestimmtheit als Wirkungsbedingung literarischer Prosa. Konstanz, 4. Aufl.

Jachimowicz (2007) – Jachimowicz, Aneta: Das schwierige Ganze. Postmoderne und die „Trilogie der Entgeisterung" von Robert Menasse. Frankfurt am Main.

James 1979 – James, William: Die Vielfalt religiöser Erfahrung. Eine Studie über die menschliche Natur. Übersetzt, herausgegeben und mit einem Nachwort versehen von Eilert Herms. Freiburg i. B.

Jelinek 1989 – Jelinek, Elfriede: Ich will kein Theater. Ich will ein anderes Theater. In: Herausforderungen an das Theater. Hrsg.: Anke Roeder. Frankfurt am Main, S. 143–161.

Jelinek 2004 – Jelinek, Elfriede: Ein Sportstück. Reinbek bei Hamburg. 2. Auflage.

Jelinek 2012 – Jelinek, Elfriede: Die Kontrakte des Kaufmanns. Rechnitz (Der Würgeengel). Über Tiere. Drei Theaterstücke. Reinbek bei Hamburg, 2. Auflage, S. 207–349.

Jung 2014 – Jung, Danielle: „Ich will kein Theater!" Stimmen zu Elfriede Jelineks postdramatischen Texten. In: Elfriede Jelinek: Begegnungen im Grenzgebiet. Hrsg.: Natalie Bloch, Dieter Heimböckel. Trier, S. 87–98.

Kałużyński 1957 – Kałużyński, Zygmunt: „Między rewolucją i neurastenią". In: Listy zza trzech granic. Warszawa.

Kantor 2005 – Kantor, Tadeusz: Pisma. (Metamorfozy. Teksty o latach 1934–1974), Kraków/Wrocław, Bd. 1.

Kastberger 2012 – Kastberger, Klaus: Lesen und Schreiben. Peter Handkes Theater als Text. In: Die Arbeit des Zuschauers – Peter Handke und das Theater. Ausstellung Österreichisches Theatermuseum, 31. Jänner bis 8. Juli 2013. Hrsg.: Klaus Kastberger und Katharina Pektor. Salzburg, S. 35–59.

Keim 2007 – Keim, Katharina: Seltsame Heilige, gottverlassene Gläubige. Glaubensfragen im zeitgenössischen Religionsdrama: Lukas Bärfuss' *Der Bus. Das Zeug einer Heiligen.* In: Vom Drama zum Theatertext? Zur Situation der Dramatik in Ländern Mitteleuropas. Hrsg.: Hans-Peter Bayersdörfer in Verbindung mit Małgorzata Leyko und Evelyn Deutsch-Schreiner. Tübingen, S. 86–94.

Kelting 2009 – Kelting, Peter-Jakob: Die (Un-) Möglichkeit des Glaubens. Versuch über Lukas Bärfuss' Stück *Der Bus (Das Zeug einer Heiligen).* In: Religion und Gegenwartsliteratur. Spielarten einer Liaison. Hrsg.: Albrecht Grözinger, Andreas Mauz und Adrian Portmann. Würzburg, S. 151–169.

Kirchner 1985 – Kirchner, Thomas: Raumerfahrung im geistlichen Spiel des Mittelalters. Frankfurt a. M., Bern, New York.

Klarer 2011 – Klarer, Mario: Einführung in die Grundlagen der Literaturwissenschaft. Theorien, Gattungen, Arbeitstechniken. Darmstadt.

Knoedgen 1990 – Knoedgen, Werner: Das Unmögliche Theater. Zur Phänomenologie des Figurentheaters. Stuttgart.

Kramer 2009 – Kramer, Düne (Hrsg.): Theatralität und Räumlichkeit. Würzburg.

Leyko 1998 – Leyko, Małgorzata: „Der gewollte und der ungewollte Brecht". In: Polnisch-deutsche Theaterbeziehungen seit dem Zweiten Weltkrieg. Hrsg. Hans-Peter Bayerdörfer in Verbindung mit Małgorzata Leyko und Małgorzata Sugiera, Tübingen.

Limbos 2000 – Limbos, Agnès: Ich mache Vorschläge. Agnès Limbos über ihr Theater und ihre Compagnie Gare Centrale. In: Brendenal, Silvia (Hrsg.): Animation fremder Körper. Berlin: Theater der Zeit, 2000.

Lücke 2008 – Lücke, Bärbel: Elfriede Jelinek. Eine Einführung in das Werk. Paderborn.

Marx 2012 – Marx, Peter W.: Handbuch Drama. Stuttgart.

Matvienko K.: «Кинофикация театра: история и современность." („Kinematofizierung des Theaters: Geschichte und Gegenwart"), (Diss.) Sankt Petersburg 2010.

Meurer 2006 – Meurer, Petra: Theatrale Räume. Theaterästhetische Entwürfe in Stücken von Werner Schwab, Elfriede Jelinek und Peter Handke. Berlin.

Müller 2001 – Müller, Heiner: Hamletmaschine. In: Ders.: Werke, Bd. 4, Die Stücke 2. Hrsg.: Frank Jörnigk. Frankfurt/M., S. 543–554.

Müller 2002 – Müller, Heiner: Germania III. Gespenster am Toten Mann. In: Ders.: Werke, Bd. 5, Die Stücke 3, Hrsg.: Frank Hörnigk. Frankfurt/ M., S. 253–297.

Müller 2002a – Müller, Heiner: Wolokolamsker Chaussee. I–V. In: Ders.: Werke, Bd. 5, Die Stücke 3, Hrsg.: Frank Hörnigk. Frankfurt/ M.

Müller 2007 – Müller, Herta: Herztier. Frankfurt/M.

Nibelungen 1979 – Das Nibelungenlied. Nach der Ausgabe von Karl Bartsch Hrsg. von Helmut de Boor. 21. Auflage. Wiesbaden.

Nietzsche 1966 – Nietzsche, Friedrich: *Über Wahrheit und Lüge im außermoralischen Sinn. In: Ders.:* Werke. Bd. 3, Hrsg.: Karl Schlechta, München.

Novikova S.: „театр.doc: что это такое?" („teatr.doc: Was ist das?") 2003, 2–3, S. 14ff.

Oberender 2012 – Oberender, Thomas: „Das Geheimnis des Schreibens sind für mich die Nebensachen". Ein Gespräch mit Thomas Oberender. In: Die Arbeit des Zuschauers – Peter Handke und das Theater. Ausstellung Österreichisches

Theatermuseum, 31. Jänner bis 8. Juli 2013. Hrsg.: Klaus Kastberger, Katharina Pektor. Salzburg, S. 7–18.

Pavis 1998 – Pavis, Patrice: Słownik terminów teatralnych. Wrocław.

Pektor 2012 – Pektor, Katharina: „Die Bretter bedeuten keine Welt". Über Orte, Schauplätze und Räume in Peter Handkes Theaterstücken und ihre Umsetzung auf der Bühne. In: Die Arbeit des Zuschauers – Peter Handke und das Theater. Ausstellung Österreichisches Theatermuseum, 31. Jänner bis 8. Juli 2013. Hrsg.: Klaus Kastberger, Katharina Pektor. Salzburg, S. 99–110.

Pełka 2013 – Pełka, Artur: Körper – Sport – Krieg. In: Jelinek-Handbuch. Hrsg.: Pia Janke. Stuttgart, S. 297–300.

Pfister 1984 – Pfister, Manfred: Das Drama. Theorie und Analyse. München, 4. Aufl.

Pohl 1993 – Pohl, Klaus: Karate-Billi kehrt zurück. Frankfurt/ M.

Putrament 1970 – Putrament, Jerzy: Pół wieku. Warszawa, Bd. 4.

Puzyna 1982 – Puzyna, Konstanty: Półmrok. Felietony teatralne i szkice [Zwielicht. Theaterfeullitons und -skizzen] Warszawa, S. 132–140.

Radio Svoboda, 18.04.2015: „Аморальный банщик." („Der amoralische Saunagast.")

Reich Ranicki 1955 – Reich Ranicki, Marcel: Z dziejów literatury niemieckiej. 1871–1954[Aus der Geschichte der deutschen Literatur]. Warszawa.

Reinhardt 2008 – Reinhardt, Hartmut: Der verschlossene Brunnen. Über den Mythos vom Riesenpaar in Hebbels *Nibelungen*-Trilogie und seine Sekretierung. In: Hebbel-Jahrbuch. Heide/Holst., S. 85–102.

Riedel 2000 – Riedel, Volker: *Antikerezeption in der deutschen Literatur vom Renaissance-Humanismus bis zur Gegenwart. Eine Einführung.* Stuttgart/Weimar

Rinke 2007 – Rinke, Moritz: Die Nibelungen. Siegfrieds Frauen. Die letzten Tage von Burgund. Reinbek.

Roselt 2008 – Roselt, Jens: Phänomenologie des Theaters. München. (= Übergänge. 56)

Rueff 1925 – Rueff, Hans (Hrsg.): Das Rheinische Osterspiel der Berliner Handschrift Ms. germ. Fol. 1219. Mit Untersuchungen zur Textgeschichte des Deutschen Osterspiels. Berlin.

Sauerland 1988 – Sauerland, Karol: „Brecht, Handke und das Publikum als Konvention". In: Soziale und theatralische Konventionen als Problem der Dramenübersetzung. Hrsg. E. Fischer-Lichte, F. Paul, B. Schultze und H. Turk. Tübingen, S. 145–152.

Sauerland 1990 – Sauerland, Karol: „Was eine Übersetzung politisch vermag. Zur Übertragung des ‚Marat' von Peter Weiss ins Polnische". In: Literatur und Theater. Tradition und Konvention als Problem der Dramenübersetzung. Hrsg.: B. Schultze, E. Fischer-Lichte, F. Paul und H. Turk. Tübingen, S. 261–271.

Sauerland 1991 – Sauerland, Karol: Figurinen und Figurinenhaftes bei Oskar Schlemmer und Iwan Goll. In: Drama und Theater der Jahrhundertwende. Hrsg.: Dieter Kafitz. Tübingen, S. 139–150.

Sauerland 2003 – Sauerland, Karol: Figuryny i usztucznienie w twórczości Oskara Schlemmera oraz Iwana Golla. In: Teoria literatury żywa. Między słowem a obrazem. Hrsg.: Kamila Najdek, Krzysztof Tkaczyk. Warszawa, S. 35–50

Schörkhuber 2007 – Schörkhuber, Eva (Hrsg.): Was einmal wirklich war. Zum Werk von Robert Menasse. Wien.

Schößler 2014 – Schößler, Franziska: Das Ende der Revolution und der Klang der Finanzinstrumente: Elfriede Jelineks Wirtschaftskomödie Die Kontrakte des Kaufmanns und Nicolas Stemanns Inszenierung. In: Elfriede Jelinek: Begegnungen im Grenzgebiet. Hrsg.: Natalie Bloch, Dieter Heimböckel. Trier, S. 73–84.

Schulze 2001 – Schulze, Gerhard: Inszenierte Individualität – ein modernes Theater. In: Entdeckung des Ich. Die Geschichte der Individualisierung vom Mittelalter bis zur Gegenwart. Hrsg.: Richard van Dülmen. Darmstadt, S. 557–580.

Schulze 2012 – Schulze, Ursula: Geistliche Spiele im Mittelalter und in der Frühen Neuzeit. Von der liturgischen Feier zum Schauspiel. Eine Einführung. Berlin.

Sierz 2013 – Sierz, Aleks: Theatre of Martin Crimp. London, 2. Auflage.

Simhandl 2014 – Simhandl, Peter: Theatergeschichte in einem Band. Aktualisierte Neuauflage. Mit Beiträgen von Franz Wille und Grit van Dyk. Berlin.

Spiess 2005 – Spiess, Katja: Mordsspaß. „Macbeth für Anfänger“ von Thalias Kompagnons im Nürnberger Theater der Puppen im Kali [Rezension] in double. Magazin für Puppen- Figuren- und Objekttheater. Herausgegeben vom Deutschen Forum für Figurenthteater, Bochum. 02 /2005.

Stemann 2006 – Stemann, Nicolas: Das ist mir sowas von egal! Wie kann man machen sollen, was man will? – Über die Paradoxie, Elfriede Jelineks Texte zu inszenieren. In: Stets das Ihre: Elfriede Jelinek. Hrsg.: Brigitte Landes, Karl Baratta, Elfriede Jelinek. Berlin, S. 62–68.

Strelnikova E.: „театр.doc закрыли.“ („Das teatr.doc wurde geschlossen.“). In: Komsomolskaya pravda, vom 19.10.2014.

Swinarski 1988 – Swinarski; Konrad: Wierność wobec zmienności. Warszawa.

Taylor 2002 – Taylor, Charles: Die Formen des Religiösen in der Gegenwart. Aus dem Englischen von Karin Wördemann. Frankfurt a.M.

Thomsen 2012 – Thomsen, Hargen: Recht und Gerechtigkeit als dramatischer Konflikt. In: Hermann Weber (Hrsg.): Juristen hinter Literatur und Kunst (Rechtsgeschichte und Rechtsgeschehen Bd. 18) Berlin, S. 101–110.

Tokareva M.: „Прачечная? Нет, предбанник!“ („Wäscherei? Net, Saunavorgang“!). In: Novaya Gazeta, vom 17.04.2015.

tv.kultura, novosti, 11.01.2010: „Я боюсь любви“ – премьера в ‚Театре.doc‘ („Ich fürchte mich vor der Liebe“ – Premiere im teatr.doc).

Vedomosti, 27.02.2012: „Спектакль ‚БерлусПутин‘: Одна голова на два премьера“ („Das Stück ‚BerlusPutin': Ein Kopf für zwei Premieren“).

von Hofmannsthal 2009 – von Hofmannsthal, Hugo: Der Dichter und diese Zeit. Ein Vortrag. In: Sämtliche Werke XXXIII. Reden und Aufsätze 2. Hrsg. von Konrad Heumann und Ellen Ritter. Frankfurt a. M., S. 127–148.

Walaszek 1998 – Walaszek, Joanna: *Dziady Adama Mickiewicza w inscenizacji Konrada Swinarskiego. Opis przedstawienia*. Kraków.

Warstat 2011 – Warstat, Matthias: Politisches Theater zwischen Theatralität und Performativität. In: Die Aufführung. Hrsg.: Erika Fischer-Lichte u.a. Paderborn.

Wehrli 1984 – Wehrli, Max: Geschichte der deutschen Literatur Bd. 1: Geschichte der deutschen Literatur vom frühen Mittelalter bis zum Ende des 16. Jahrhunderts. 2. Aufl. Stuttgart.

Zang/Henn 2001 – Zang, Klaus und Wolfgang Henn: Der geklonte Mensch – ein Individuum? In: Entdeckung des Ich. Die Geschichte der Individualisierung vom Mittelalter bis zur Gegenwart. Hrsg.: Richard van Dülmen. Darmstadt, S. 583–592.

Сольцева А.: „Реформатор на все времена.“ („Reformator für alle Zeiten.“). In: „Театр – Журнал о театре.“ („Theater – Zeitschrift über Theater“) 8 (2012), S. 10–17.

Internetquellen

http://www.falkrichter.com/DE/work/performance/33/ (abgerufen am 06.01.2017) http://www.berliner-zeitung.de/archiv/-weniger-notfaelle--von-martin-crimp--die--system--werkstatt-in-der-schaubuehne-das-phaenomen-amok,10810590,10164070.html (abgerufen am 06.01.2017)

https://www.youtube.com/watch?v=cij50MEFjsI (abgerufen am 06.01.2017)

Boenisch, Vasco; Neweling, Dorothea; Rose, Cathrin (u.a.): *Über die Ruhrtriennale.* unter: www.ruhrtriennale.de/de/uber-die-ruhrtriennale [Stand: 07.04.15]

Braun 1990 – Braun, Volker: Das Eigentum. In: http://www.zeit.de/1990/33/das-eigentum/komplettansicht

Lücke, Bärbel: *Ökonomische Gewalt und Oikodizee. Elfriede Jelineks Die Kontrakte des Kaufmanns. Eine Wirtschaftskomödie.* unter: www.vermessungsseiten.de/luecke/jelinek3.pdf [Stand 17.09.2015]

Stelzenbach 1992 – Stelzenbach, Susanne: Iphigenie. Dramma per musica. Text: Johann Wolfgang Goethe und Volker Braun, http://www.susanne-stelzenbach.de/werke/?sparte=musiktheater

Interdisciplinary Studies in Performance

Edited by Mirosław Kocur

The series aims at presenting innovative cross disciplinary and intercultural research in performance practice and theory. Its mission is to expand and enrich performance studies with new research in theatre, film, dance, ritual, and art, as well as in queer and gender studies, anthropology, linguistics, archaeology, ethnography, sociology, history, media and political sciences, and even medicine and biology. The series focuses on promoting groundbreaking methodologies and new directions in studying performative culture by scrutinizing its transformative and transgressive aspects.

The series Interdisciplinary Studies in Performance publishes in English and German monographs and thematic collections of papers by scholars from Poland and from abroad.

Vol. 1 Paul Martin Langner / Agata Mirecka (Hrsg.): Tendenzen der zeitgenössischen Dramatik. 2015.

Vol. 2 Veronika Darian / Micha Braun / Jeanne Bindernagel / Mirosław Kocur (Hrsg.): Die Praxis der/des Echo. Zum Theater des Widerhalls. 2015.

Vol. 3 Magdalena Barbaruk: The Long Shadow of Don Quixote. Translated by Patrycja Poniatowska. 2015.

Vol. 4 Mirosław Kocur: On the Origins of Theater. Translated by David Malcolm. 2016.

Vol. 5 Matteo Bonfitto: The Kinetics of the Invisible. Acting Processes in Peter Brook's Theatre. 2016.

Vol. 6 Graziela Rodrigues: Dancer - Researcher - Performer: A Learning Process. 2016.

Vol. 7 Teresa Pękala (ed.): Witkacy. Logos and the Elements. Translated by Jerzy Adamko. 2017.

Vol. 8 Mirosław Kocur: The Second Birth of Theatre. Performances of Anglo-Saxon Monks. Translated by Grzegorz Czemiel. 2017.

Vol. 9 Paul Martin Langner / Agata Mirecka (Hrsg.): Raumformen in der Gegenwartsdramatik. 2017.

www.peterlang.com